彩图1　苹果开心形整枝
（王振兴　摄于日本青森）

彩图2　苹果细长纺锤形整枝
（王振兴　摄于日本青森）

示：生草栽培、微喷灌溉、上设防雹网、主干设防兔网、分枝拉平或下垂

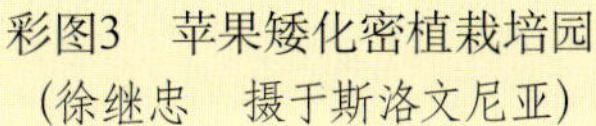

彩图3　苹果矮化密植栽培园
（徐继忠　摄于斯洛文尼亚）

彩图4　苹果主干形整枝
（孙建设　摄于美国华盛顿州）

彩图5　主干形整枝，苹果高密植栽培
（孙建设　摄于美国华盛顿州）

彩图6　苹果Y形整枝
（王振兴　摄于日本青森）

彩图7　苹果V形整枝
（孙建设　摄于美国华盛顿州）

彩图8　基部三主枝半圆形
（马宝焜　摄于山东莱阳）

彩图9　小冠疏层形
（马宝焜　摄于北京昌平）

彩图10　高干开心形
（马宝焜　摄于北京昌平中日友好园）

彩图11　细长纺锤形
（马宝焜　摄于河北井陉）

彩图12　管理失当的矮砧苹果树
（马宝焜　摄于河北昌黎）

彩图13　11年生矮砧富士苹果开花期
示：形成篱壁式树冠，有良好的行间间距
（马宝焜　摄于河北农大三优富士苹果示范园）

彩图14　11年生矮砧富士苹果采收期
(马宝焜　摄于河北农大三优富士苹果示范园)

彩图15　10年生细长纺锤形苹果单株结果状
(马宝焜　摄于河北农大三优富士苹果示范园)

彩图16　11年生矮砧富士苹果——树冠内部结果状
(马宝焜　摄于河北农大三优富士苹果示范园)

彩图17　11年生矮砧富士苹果——树冠下部结果状
(马宝焜　摄于河北农大三优富士苹果示范园)

彩图18　Y形整枝(4年生树)
(马宝焜　摄于河北农大三优富士苹果示范园)

彩图19　4年生富士/SH
（马宝焜　摄于河北农大三优富士苹果示范园）

彩图20　Y形整枝，4年生富士结果状
（马宝焜　摄于河北农大三优富士苹果示范园）

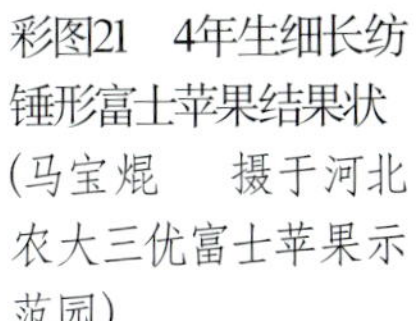

彩图21　4年生细长纺锤形富士苹果结果状
（马宝焜　摄于河北农大三优富士苹果示范园）

彩图22　果实贴字
（马宝焜　摄于河北农大三优富士苹果示范园）

彩图23　栽植当年夏季对分枝进行支撑、拿枝软化等处理，有效地控制了竞争枝，促进了延长枝的生长
（马宝焜　摄于河北农大三优富士苹果示范园）

彩图24　二年生双矮富士苹果园，分枝已做开张角度处理
（马宝焜　摄于河北农大三优富士苹果示范园）

彩图25　三年生双矮富士苹果园
（马宝焜　摄于河北农大三优富士苹果示范园）

◀ 中心主枝强健，分枝角度开张，生长缓和

▼ ①冬剪时抠去剪口下第2、3芽
②局部扭伤拉下垂，有效地控制了生长势，不再与延长枝竞争

彩图26　细长纺锤形三年生树

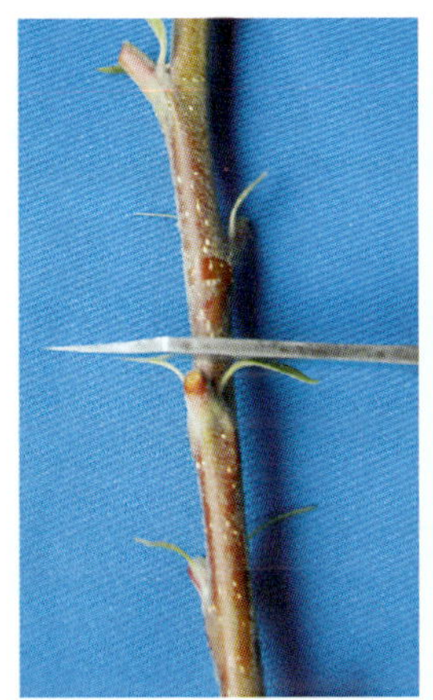

▲ ①接芽的削取

◀ ②砧木T形切口
一横、一竖

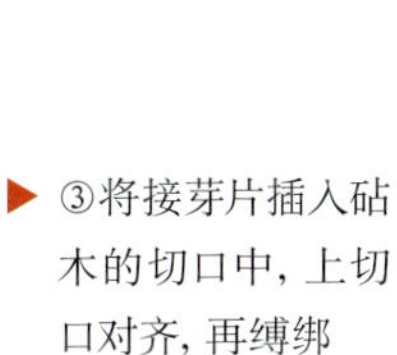

▶ ③将接芽片插入砧木的切口中，上切口对齐，再缚绑

彩图27　T形芽接
（马宝焜　摄）

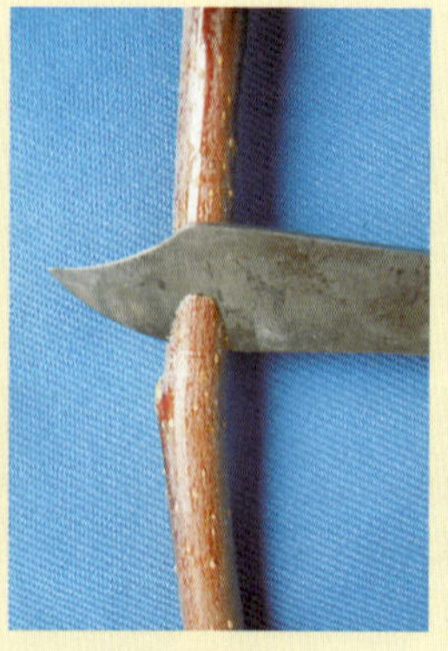

①砧木　一大一小两刀切出切口

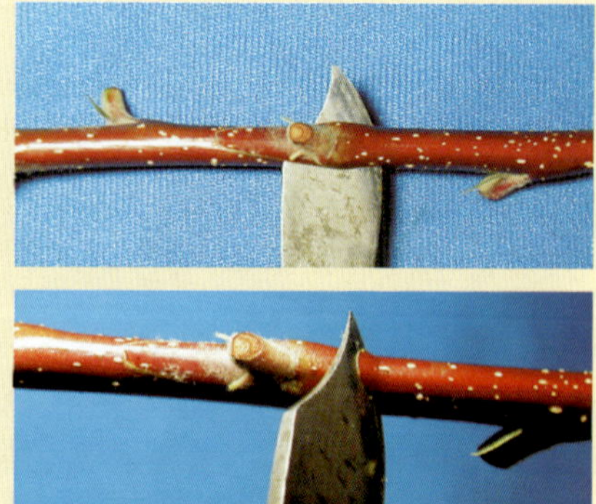

②接芽芽片的切取

③将芽片插入砧木的切口中, 再缚绑

彩图28　嵌芽接
(马宝焜　摄)

缚绑时, 芽的附近只有一层超薄塑料膜

彩图29　单芽腹接
(马宝焜　摄)

# 苹果精细管理十二个月

◎ 马宝焜　徐继忠　主编

中国农业出版社

图书在版编目（CIP）数据

苹果精细管理十二个月 / 马宝焜，徐继忠主编．—北京：中国农业出版社，2008.10（2018.9 重印）
（果园精细管理丛书）
ISBN 978-7-109-12955-9

Ⅰ.苹…　Ⅱ.①马…②徐…　Ⅲ.苹果—果树园艺　Ⅳ.S661.1

中国版本图书馆 CIP 数据核字（2008）第 142857 号

中国农业出版社出版
（北京市朝阳区麦子店街 18 号楼）
（邮政编码 100125）
责任编辑　张 利　黄 宇

中国农业出版社印刷厂印刷　　新华书店北京发行所发行
2009 年 1 月第 1 版　　2018 年 9 月北京第 5 次印刷

开本：850mm×1168mm　1/32　　印张：6.375　　插页：4
字数：160 千字　　印数：18 001～21 000 册
定价：16.00 元

**主　编**　马宝焜　徐继忠

**编　著**　马宝焜　徐继忠　陈海江
　　　　　邵建柱　孙建设

# 前　言

我国是世界苹果生产大国，据统计，2005 年，我国苹果面积已达 189 万公顷，产量达 2 400 万吨，分别占世界苹果总面积和总产量的 2/5 和 1/3。我国虽然是苹果生产大国，但由于我国苹果栽培相对比较分散，规模小，再加之栽培模式、技术水平及推广等方面的问题，单位面积产量低和果实品质差仍是我国苹果生产中存在的主要问题，也是限制苹果经济效益进一步提高的关键因素。近几年我国苹果栽培效益稳中有升，果农栽培苹果的积极性高涨，迫切需要技术实用、易懂的书籍指导生产。为此我们编著了《苹果精细管理十二个月》这本书。

本书从生产实际出发，结合作者多年在苹果上的研究成果，并参考前人研究成果编著而成的。全书共分七章：概说、苹果栽培的生物学基础、果园冬季管理、果园春季管理、果园夏季管理、果园秋季管理、苹果园精细管理作业历。主要内容包括育苗、建园、整形修剪、土肥水管理及病虫害防治等。全书以果园栽培管理技术操作为主线，以季节为顺序，明确管理要点，提出具体管理措施。内容丰富、通俗易懂、便于操作。可供广大果农、果树科技人员、大专院校师生和果树业余爱好者参考。

在编写过程中，参考了大量已出版发行的书刊，在此对其编著者表示衷心的感谢。由于时间仓促，水平有限，不当之处在所难免，敬请广大读者批评指正！

作　者

2008 年 6 月

# 目　录

# 第一章 概 说

## 一、我国苹果生产现状

### （一）栽培面积、产量和分布

苹果是我国重要水果之一。2005年我国苹果栽培面积为189万公顷，产量达到2 400万吨，分别占世界苹果栽培面积的2/5和产量的1/3。苹果栽培面积占全国果园总面积的19%，产量占全国果品总产量的27%。

近30年来，我国苹果生产的发展历经了两个快速增长期和一个调整期。自1985—1989年间，我国苹果栽培面积从86.54万公顷上升到168.99万公顷，增长95.3%；其次，1991—1996年间，苹果栽培面积从166.16万公顷上升到298.69万公顷，增长79.8%。从1997年开始，我国苹果生产进入调整阶段。该阶段的基本特征是果园面积持续减少，总产量基本稳定，平均单产明显提高。据统计，截至2004年，我国苹果栽培面积减少到187.67万公顷，比1996年栽培面积减少了37.2%，但总产量增长了26.2%（图1-1）。苹果单产呈逐年增加的趋势，1991年平均每公顷仅为2 732.6千克，而1996年增至5 709.0千克；2004年我国苹果单产已达12 615.5千克/公顷，尽管与苹果生产先进国家19 500～30 000千克/公顷的水平尚有很大差距，但我国苹果生产水平的提高已是一个不争的事实。尤其在山东、河北、江苏、陕西、山西以及河南等省的优质苹果生产示范园区，单产高达30 000～45 000千克/公顷。

我国苹果生产分布很广，现已形成渤海湾、西北黄土高原、黄河故道和西南冷凉高地等四大苹果主产区。其中渤海湾产区包

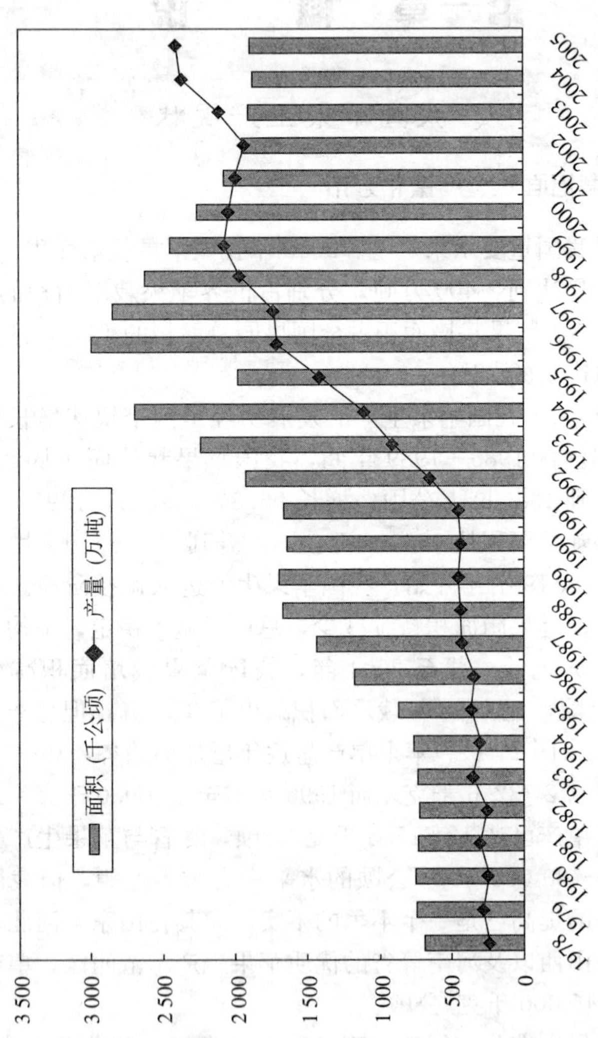


图 1-1　全国苹果产量和栽植面积变化

括辽宁、山东、河北等省，目前（2004）苹果栽培面积占全国苹果栽培总面积的39%，产量占全国总产量的43%。该地区栽培历史悠久，系我国苹果栽培最早的区域，生态条件优越，栽培技术水平高，果品产量高，品质好。近年来，由陕西、甘肃、山西等省组成的西北黄土高原产区苹果生产发展速度较快，其面积和产量分别占全国的41%和36%。黄河故道产区，包括豫东、鲁西南、苏北和皖北，面积和产量分别占全国的11%和14%。西南冷凉高地产区，主要包括云、贵、川高海拔地区，面积和产量分别占全国的3%和2%（图1-2）。

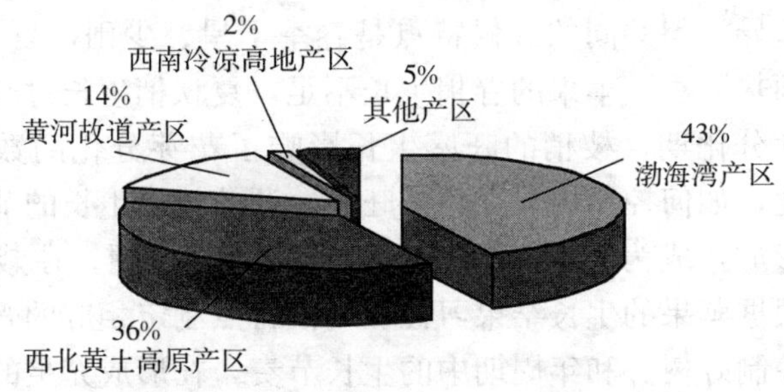


图1-2 全国苹果产量区域分布状况

为了充分发挥区域比较优势，提高我国苹果产业的整体水平，在充分调研的基础上，2003年农业部制定了《苹果优势区域发展规划》，把渤海湾产区和西北黄土高原产区作为我国苹果发展的优势区域重点建设，以期形成我国苹果生产的核心区域及产业带。其中渤海湾产区重点区域包括山东的胶东半岛和泰沂山区、辽宁的辽西和辽南地区及河北的秦皇岛地区和太行山区。该地区栽培历史悠久，系我国苹果栽培最早的区域，生态条件优越，栽培技术水平高，果品产量高，品质好。西北黄土高原产区包括陕西的渭北地区、山西的晋中和晋南地区、河南的三门峡地区及甘肃的陇东地区。该地区是我国苹果发展最快的地区，光照充足，冬无严寒，夏无酷暑，且温差大，符合苹果最适宜6项生态条件，果实着色好，只是许多果园缺乏灌溉条件，影响了果实大小和产量。此外，黄河故道地区也是20世纪60年代发展起来的苹果主要产区，土地平坦，土壤肥沃，海拔较低，夏季高温、多雨，苹果生长比较旺，产量高，果实个大，但是质量较差。其适合进行矮化砧栽培，可有效控制树势，改善光照，提高鲜食苹果的品质，以便发挥其地区的优势。

## （二）栽培技术

### 1. 我国苹果栽培的特点

**（1）气候特点** 我国苹果产区分布很广，各地自然条件有很大的差异。但共同的气候特点是春季干旱、少雨，夏季高温、多雨，雨热同季，苹果的春梢生长不足，夏秋梢生长过旺，此时正值花芽分化期，枝梢的旺盛生长影响了花芽分化的数量和质量。因此，如何控制树势和枝条旺长，调节枝梢生长的节奏，促进花芽形成，成为我国苹果栽培技术的重要议题。在栽培管理上，要根据苹果的生长结果习性和气候特点制定相应的管理技术措施，控制好树势和年周期中的生长节奏，在形成充足的花芽基础上，应用精细的花果管理技术，提高单位面积产量和果品质量，提高苹果栽培的经济效益。

**（2）土壤特点** 我国果树的发展多在山地和沙地，土壤比较瘠薄，有机质含量较低，苹果树因营养缺乏或不平衡引起的生理病害比较普遍，影响果品产量和质量的提高。因此，在苹果的施肥和土壤管理上，应以提高土壤有机质含量为中心，合理施肥和不同营养元素的平衡施用，以提高苹果树的营养水平，增强树势。

**（3）栽培体系** 我国主要应用乔砧密植的栽培技术体系，苹果的树势和树冠很难得到有效的控制，树体结构和群体结构不合理，果园郁闭现象时有发生，不仅树冠内的通风透光条件差，影响了果品产量和质量，而且栽培管理技术复杂、费工，提高了生产成本。因此，对现有果园的树形和树体改造，成为亟待解决的问题。新建果园应该改变观念，应用适应当地自然条件的优良矮化砧木和优良品种，采用相应的优良栽培技术，形成新的栽培技术体系，力求简化管理技术，减少用工费用，降低成本，实现技术规范化、标准化，提高产量和质量，增强果品在市场上的竞争力。

**（4）土壤管理制度** 我国多沿用传统的清耕制土壤管理制度，除草作业已成为果园的主要用工项目，也是果园用工大项。今后应该改用生草制，不仅可以减少用工，而且有利于改善果园环境，提高土壤有机质含量。

**（5）水资源缺乏** 我国主要苹果产区降雨分布不均，为了提高果品产量和质量，需要灌水，目前生产上还是以大水漫灌为主，造成水资源的浪费。今后需要大力推广抗旱栽培和节水灌溉技术。

**2. 新技术应用**

**（1）品种结构** 20世纪80年代由农业部组织的全国12省（直辖市）红富士苹果引种示范协作组，树立了我国苹果品种引进的成功典范，从根本上改变了我国苹果的品种构成。目前富士品种已经成为我国重要的主栽品种和大宗出口品种。2004年富士系品种在苹果品种构成中已经占61.3%。为了满足市场和消费者的需求，相继引进了新红星、乔纳金、嘎拉、王林、澳洲青苹、粉红女士、太平洋玫瑰、斗南等新品种或品系，极大地丰富了市场供应，改变了我国苹果品种老化和单一的局面。

**（2）栽植密度增加** 我国苹果种植经历了由大冠稀植到小冠密植的重要变革，在促进苹果提早结果、提高早期产量和尽早收回投资等方面起到了重要作用。目前一般栽植密度为乔砧每亩*种植60株左右，矮化中间砧80～111株。伴随栽植密度的

* 亩为非法定计量单位，为方便读者生产应用，本书暂保留。1亩≈667米$^2$。

变化，整形修剪方式亦随之进行了大的调整。根据不同生态类型和管理水平，各地总结出了一整套适宜当地条件的配套栽培技术，涌现出了一批高产、优质和高效益的典型园片，在一定程度上带动了周边苹果生产的发展，起到了良好的示范作用。

**（3）大树改造效果明显** 由于早期苹果乔砧密植所普遍采用的小冠疏层形、自由纺锤形等树形，进入盛果期后，树势控制难度增加，果园郁闭问题十分突出，严重影响果实的品质，甚至导致果实结果部位外移，产量也随之下降。鉴于此，一些成龄果园进行了大树树体改造，重点实施了“抬高树干、落头开心、疏枝开角、调整大枝数量和布局”的树体改造措施，在生产上取得了明显的效果。随后各地根据当地的生态条件和管理水平，探索并制定了适宜的大树改造方案，对生产上栽植过密或管理不当的乔砧密植园进行了大规模的改造。实践证明，此次大树改造对延长其经济结果年限、稳定产量和提高品质都是必须之举。

**（4）花果精细管理和培肥地力实现提质增效** 随着苹果产量的增加，果品市场的供需关系发生了变化，许多地区相继出现了卖果难的现象。为了满足消费者消费水平日益提高的需求和进一步拓展国际市场，提高果品质量逐渐成为了苹果生产生存的需要。因此，以花果精细管理和增施有机肥为主的提质增效技术被广泛应用。其中主要包括疏花、疏果、人工授粉、果实套袋及摘叶、铺反光膜等技术。通过几年的研究与技术示范，苹果果品质量有了明显提高，部分示范园区优质果率达到80%以上。

**（5）苹果产、加、销各环节得到加强** 苹果生产已经打破了单纯鲜食一统天下的局面，随着我国苹果产量的高速增长，苹果加工取得了长足进展。苹果加工量从1995年的102.7万吨提高到2003年的390.2万吨，增长了279.9%，年均增长21%。部分大型企业苹果浓缩汁年生产能力超过10万吨。苹果贮藏保鲜能力也有了明显增强，采后机械化清洗、打蜡、分级、包装能力超过100万吨，有力地促进了苹果出口。2005年，我国鲜食苹果和苹果汁合计进出口总金额为7.92亿美元，比1995年增加9.48倍。其中出口总金额为7.66亿美元，比1995年增加9.76倍。

## （三）销售

### 1. 我国苹果销售情况

①我国是苹果生产大国，产量居世界首位，鲜苹果以国内消费为主。出口很少。2005年产量达2 400万吨，占全世界产量（6 235万吨）的38.5%，但鲜苹果出口仅82万吨，占年产量的3.4%，占世界鲜苹果贸易量（692万吨）的11%，出口比例低，在一定程度上反映了我国苹果果品总体质量较差，苹果的生产和发展，应由数量为主，向质量为主转变，实现我国苹果生产由数量型向质量效益型的根本转变。

②苹果的生产量大，与市场的需求，产生一定的矛盾，有时出现价格下滑、卖果难现象，有时出现优质果数量不足，而中、低档果过剩的现象，影响苹果业的经济效益。

③苹果的销售以鲜果为主，加工种类少，且以浓缩果汁为主，果汁的国内消费很少，主要销往国外。由于我国果汁的出口价格较低，在国际市场上有较强的竞争力。近年来我国苹果浓缩果汁的生产有了长足的发展，不仅在数量上迅速增加，而且价格也大幅度提高。2006年出口量达67.3万吨，出口价已由1 000美元/吨左右，提高到1 800美元/吨左右。苹果浓缩果汁生产的发展，在一定程度上缓解了中、低档苹果销售压力。2007年原料果品收购价由0.6元/千克提高到1.5元/千克左右。按每8千克生产1千克浓缩果汁计算，出口67.3万吨时，相当538.4万吨鲜苹果，而且这些原料果对外观品质要求不高。因此，原料苹果收购价格的提高，也带动了鲜苹果价格上升，提高了苹果业生产的比较效益。同时，加工业的发展，也会改变栽培品种的结构

组成，可能促进加工品种的推广。此外，我国苹果浓缩果汁出口量已占世界贸易量（90 万吨）的 74.8%，果汁生产在数量上的发展空间已经有限，但是我国果汁的含酸量偏低，影响价格，今后应着重调整原料品种结构，提高质量。

**2. 我国苹果流通情况** 我国苹果销售存在小生产与大市场的矛盾。产地比较分散，生产单位小，品种比较单一，质量参差不齐，以及保鲜、贮藏、运输等方面条件差，产、供、销各个环节发育还不健全。生产单位小，每户果农生产的苹果量不大，不能直接进入流通领域。在集中产区，外销公司在产地直接或委托收购；非集中产区销售则主要依靠中间商收购和转运到销地批发市场批发给零售小商贩。苹果批发商一般不与果农直接见面，也没有购销合同关系，有的直接卖给小商贩。

目前我国苹果市场类型有多种，有交易市场、批发市场、自销等。集中产区有苹果交易市场，经销商设立收购点收购苹果；在大、中城市还有苹果批发市场。果品批发市场又有产地市场和销地市场两类。在批发市场的发展过程中，农村市场从 1996 年开始有逐渐减少的趋势，城市市场数量从 1997 年开始超过农村市场数量，也就是销地市场数量超过产地市场数量。批发市场在软硬件方面均存在不足，功能不够完善，特别是在风险规避方面存在功能不足。在苹果批发交易中，多是现货交易、协商交易，并以现金结算，今后应引进拍卖机制，加强交易中信息交易和苹果品种、品质、新鲜度、包装和产地标志的认定。信息的公开，能减少与需求无关的价格变动问题。要引进拍卖机制，需要具备一些条件。首先，当批发市场内以大量小批发商为主时，交易分散，交易次数增大，要实施拍卖交易工作难度很大。其次，产品的非规模化造成拍卖困难，这有待尽快制定相关标准以认定。再次，苹果包装、贮存、保鲜技术的落后也难以适应拍卖机制的要求。整车暴露运输进场交易，也很难适应拍卖交易方便、灵活、快捷的特点，这需要小型化保鲜包装的技术革新。

## 二、中外苹果生产对比

### (一) 中日苹果生产对比

**1. 品种组成**　自1949年新中国成立至今，我国苹果品种结构发生了明显变化。1949年至20世纪80年代初，我国各苹果产区以国光、金冠、元帅等品种为主，各品种所占比例因栽培区域而异。如辽宁省1970年国光苹果占70%，山东省为50%；1985年以后，由于红富士及其他优良苹果品种的引入，特别是红富士苹果的引入，改变了我国苹果品种结构，至2002年，红富士苹果成为我国主栽苹果品种，所占比例为50%左右，个别地区所占比例更高。此外，还有王林、乔纳金、嘎拉、新红星等。

第二次世界大战后，由于日本育种工作取得了很大进展，日本苹果品种结构也发生了很大变化。目前日本栽培的主要品种有富士系、津轻系、王林、乔纳金、元帅系等。其中富士占50.6%，津轻占13.8%，王林占9%，乔纳金占8.6%。日本不同产区或省份，品种结构也有所差异。如岩手县富士占41%，乔纳金占15%，津轻占14%，王林占10%；秋田县富士占69%，王林占12%，津轻占5%；长野县富士占57%，津轻占23%，王林占7%。

**2. 面积、产量、果品质量**　中国苹果栽培面积经历了飞跃发展到稳定调整阶段，到2007年，苹果栽培面积为189.03万公顷，总产量达到2 400万吨左右，总面积和总产量均居世界第一位。中国苹果生产中存在的主要问题之一是果品质量较低。据统计，优质果比例不足50%，个别产区比例更低，而中档果和劣质果比例较高。

日本苹果栽培面积相对稳定，近年来有所下降。据日本农林水产省统计，1962—1966年日本苹果栽培面积呈上升趋势，

1966年达到65 600公顷。之后，由于病虫害发生和价格下跌，出现了果园荒废现象，加之原有老品种国光、红玉正向富士、元帅系品种的更新，到1977年苹果栽培面积减少到50 600公顷，2002年苹果栽培面积减少到42 400公顷。日本苹果总产量虽然年份间有一定差异，但相对比较稳定。20世纪70年代以来，苹果产量一直在100万吨左右。如1992—2003年统计，总产量为79.96万～103.9万吨。日本市场对苹果品质的要求非常高，中、低档果品一般进行加工，不进入鲜果市场，因此，日本苹果果实品质优良，精品果率均在80%以上（表1-1）。

**表1-1　日本苹果主要品种的产量及品质状况**

| 品　种 | 1 000米$^2$的留果量（个） | 可溶性固形物含量（%） | 10千克果实数量（个） | 精品果率（%） |
|---|---|---|---|---|
| 富　士 | 15 000 | 16以上 | 36 | 80以上 |
| 津　轻 | 14 000 | 13以上 | 36 | 80以上 |
| 王　林 | 16 000 | 15以上 | 40 | 80以上 |
| 乔纳金 | 12 000 | 13以上 | 32 | 80以上 |

**3. 技术体系**　中日苹果栽培技术体系组成要素相同，包括栽培制度、土肥水管理、整形修剪、花果管理、病虫害防治、安全苹果生产等。但各组成要素中均有所差异，主要表现在：

**（1）栽培制度**　日本现有栽培技术制度为乔化栽培和矮密栽培共存。日本不同省份乔化栽培所占比例不同。如青森县和山形县，乔化栽培比例可达80%以上，而岩手县乔化栽培比例仅在25%左右。另外，日本乔化栽培所用砧木为圆叶海棠。圆叶海棠一般采用扦插繁殖，主根不发达，嫁接品种后树体生长缓和；我国为八棱海棠。八棱海棠采用播种繁殖，主根发达，嫁接树体后树体生长旺盛，结果较晚；日本乔化栽培所用株行距大，一般株距为7～10米，行距为8～10米；我国株行距较小，一般株距为2～4米，行距为4～6米。

日本密植栽培均用矮化砧木，不同省份所占比例不同。如岩手县矮密栽培比例为74.4%，北海道为42.2%，福岛县为

21.8%；我国密植栽培主要应用乔化砧木，矮化砧木所占比例极低。

**（2）土肥水管理** 日本苹果园土壤管理采用生草制；我国采用清耕制。日本苹果园每年施入有机肥，采收后施入适量复合肥；我国苹果园有机肥施入量少，化肥施入量多。由于适宜的土壤管理制度，日本的果园有机质含量高，一般在5%左右；我国的土壤有机质含量较低，大多在1%以下。

**（3）整形修剪** 日本乔化栽培采用树形大多为二主枝开心形，我国为疏散分层形、小冠疏层形或自由纺锤形等；日本矮密栽培所用树形为细长纺锤形，与我国相近。

**4. 采后处理** 随着科技的发展和苹果产业化水平的提高，中国苹果采后处理能力在不断提高。采后处理一般包括精选、分级、打蜡、包装、贮运等。总体来讲，我国苹果采后处理能力和水平还很低。因采后处理技术落后，造成果实腐烂损失率很高，居世界第一位，每年损失苹果达300万吨左右，相当于日本苹果年总产量的3倍左右。我国经过精选、分级、打蜡、包装、贮运的水果仅占总产量1%左右。

日本特别重视苹果的采后处理，各地根据其生产能力均配有完备的选果设备、气调库和恒温车。果农除在果园进行初选外，进入选果中心后要进行严格的选果、分级、包装，然后运往全国各地的批发市场或贮藏。日本苹果的采后处理能力为100%。日本苹果的采后处理流程：果园初选—冷库预冷（选果中心）—选果机选果分级—包装—贮藏—恒温车—批发市场。

**5. 销售** 改革开放之前，我国苹果的流通渠道主要为供销合作社从果园收购，然后销往国内市场，各级外贸组织收购销往国际市场；改革开放后，一些水果批发商或龙头企业从果农处收购苹果销往国内市场，或果农个人自销；龙头企业收购苹果销往国际市场。

从总的苹果销售形式看，我国苹果以国内销售为主。据统计，2007 年我国苹果外销量为 80 多万吨，居世界第一位。但外销量仅占总产量的 4%左右，并且销往地以周边低价位国家为主，价格较低。

日本苹果的销售一方面是直销，即消费者根据自己的需求和嗜好，通过电话、传真或电子邮件向果农直接订购，果农通过宅急便直接把水果销售给消费者；一方面是通过农协进入市场拍卖，进入零售店，最终到达消费者手中。日本也有在果园内销售的，但所占比例极低。

近年日本的水果流通体制在原有的基础上也发生了一些变化。水果由原来的水果专卖店销售为主体向以超市为主体的大量销售方向转化，青果批发市场由以拍卖为主体向定购为主体的方向转化。此外，还出现了超市直接向产地订购的现象。

日本苹果以内销为主，出口很少。据日本财务省贸易统计，2001 年日本的苹果出口量为 2 170 吨，主要出口国家和地区为泰国、中国台湾和香港，2002 年为 10 207 吨。

**6. 服务体系** 中国的苹果业服务体系主要包括两种类型，一是农业行政服务体系，包括农业部，国家林业局，各省、县、乡级农业推广机构等。该体系是目前我国的主要服务体系，对苹果的发展做出了巨大贡献。但该体系也存在如推广经费不足、推广人员缺乏等问题。二是民间农业服务体系。由农产品加工、销售龙头企业或农资企业牵头，有专家、教授或推广机构参与，进行技术培训、农资供应等服务。该体系虽然总体上涉及面小，但效率高，为我国苹果业的发展做出了积极贡献。

日本的苹果业服务体系与我国相似，也包括行政服务体系和民间服务体系。日本的行政服务体系由农林水产省、各都、道、县农政部、市、町、村农业技术普及所组成，提供新品种、技术、市场信息、苹果采后处理等全面服务，在行政服务体系中，各级农业试验场也包括在内，提供新品种、新技术试验及推广。

日本的民间服务体系由各级农协组成，提供农资、技术、信息、金融、保险、水果流通等服务。日本的民间服务体系，体制健全，服务内容多，效率高，解决了果农从生产到销售过程中所遇到的问题。日本的官方和民间服务体系积极有效的配合，极大地促进了日本果树产业的发展和现代化进程。

## （二）中美苹果生产对比

中国和美国由于受到传统耕作方式、土地所有权、生态条件以及工业化程度和劳动力资源等诸多因素的影响，在苹果生产上呈现各自特点。现就几个主要方面做一比较。

**1. 生产布局与品种构成** 我国苹果在历经 1986—1996 年大发展时期后，苹果栽培面积急剧增加，分布趋于分散，苹果能够存活的省份均有栽培。品种也较为单一，1996 年富士品种比例约占 50%，自 2003 年实施苹果优势区域规划以来，渤海湾和西北黄土高原两大优势区逐渐成为我国苹果的主要产区，其面积约占全国面积的 72%，产量占全国产量的 85%。但品种单一问题依然十分突出，红富士品种占总产量的 69.9%（2006 年）。近年来，中、早熟品种发展速度较快。

美国在苹果布局上十分强调适地适栽的原则。华盛顿州作为美国最大的主产区，生态条件十分优越，其主要生态指标被作为优势生态区划分的重要参考。华盛顿州苹果产量约占美国产量的 1/2，出口量占美国的 1/2 以上。但在东部地区，依然有宾夕法尼亚、纽约等州有一定规模栽培苹果，既满足当地市场的需求，也节省较为昂贵的州外苹果调入的费用。在品种构成上，由于美国采后冷藏条件较好，对苹果品种成熟期的要求不十分苛刻，取而代之的是满足不同消费人群的品种。例如，果实的色泽（黄色品种、红色品种或绿色品种）、风味（糖酸比、香气）等。美国目前主要栽培的品种有新红星、金冠、红富士、嘎拉、布瑞本、澳洲青苹等。该 6 个主栽品种占总面积的近 90%。新近发展的蜜脆、太平洋玫瑰、凯密欧等多以俱乐部或协会组织形式根据市场开发程度有计划发展，以确保种植者和经营者的利益。

**2. 经营规模与生产方式** 我国现有苹果园以家庭经营单位为主。据调查，我国东部地区 90%的果园经营规模小于 5 亩，西部地区经营面积小于 5 亩的果园也有 75%之多。美国苹果园面积较大，尤其是在华盛顿州集中产区，平均经营单位 240 亩。也有 2 万亩以上的大型果园。由于我国苹果园的经营规模较小，有相当一部分家庭果园尚不能雇用（或配备）专人从事果园农事作业。因此，从业人员的素质参差不齐，果园管理技术水平提高较慢。推广生产标准化和实施严格质量控制有相当难度。而美国大多数果园都参照企业化管理和工业化生产方式。例如，病虫防控的社会化服务等，较大的经营规模（集约化经营）方便了新技术的推广和普及，同时，也为密切与流通企业间的沟通提供了方便。

**3. 栽培制度** 到目前为止，我国绝大多数果园为乔砧密植。由于树体生长旺而空间受限，极易造成果园郁闭、光照不良，进而导致果品质量低劣。在郁闭的果园环境下，加之雨热同季的气候特征，极易造成病虫严重发生，而且防治极度困难。美国开展苹果矮化砧木的研究与中国几乎同步，但借助良好的生态条件和不间断的系统研究，苹果矮砧密植的栽培制度很快在生产上推广应用，并收到了良好的效果。到目前为止，美国全国苹果产区几乎很难找到用于商品化生产的乔砧果园。由于推广了矮砧密植栽培制度，改善了机械化作业的环境，极大地提升了果园机械化装备的水平。例如果园割草机械、采摘机械化辅助作业平台和大型迷雾机等均能够方便作业，提高了劳动效率，对缓解美国劳动力缺乏和劳动力成本过高的压力有重要作用。这一点对我国苹果生产极具借鉴价值。

**4. 技术服务体系** 我国目前技术体系较薄弱，现有的技术队伍和科研人员对极为分散的近 700 万农户实施技术培训和指导是十分困难的。我国技术推广的基本队伍依然是农技推广部门、行业主管部门和主要科研院所的技术人员。主要途径是田间现场培训、专题技术讲座和实地参观等，其受训效果受到技术水平和果农素质的双重影响。美国苹果生产的技术服务呈多元化，主渠道和高端技术培训源于全国各州立大学的技术研究与推广中心。该中心负责研发最新成果，并负责对辖区内技术人员进行定期培训。其次是果农有自己的协会或俱乐部，自觉学习新技术，了解产业动态，提高自身理论水平和实践能力。此外，涉及苹果生产的两大类企业——果品贮藏包装厂和农化生产资料供应商分别向果园派驻（巡回指导）农药、化肥使用和果园作业管理的技术服务人员。这些技术员由所属企业雇用，为其产品销售和果品收购服务，果园与技术员、技术员与受雇企业间以合同形式约束，真正形成了一个稳固的利益共同体。

**5. 采后商品化处理** 近年来，我国苹果采后贮藏包装能力不断提高，到目前为止，据不完全统计，机械冷藏能力已经接近总产量的30%，其中气调贮藏能力占1/3。就是说，满足淡季供应的苹果数量仅占总产量的10%左右。其次是分级、清洗、打蜡、包装等商品化处理能力尚不足20%，这也是制约我国苹果增加效益的重要因素之一。美国1904年建成了第一座商业性贮藏库，20世纪20年代开始大量应用机械分选设备。目前，美国采后贮藏能力能够满足全部产量，而75%左右为气调贮藏。机械化分级、清洗等已经成为必需的工作流程，打蜡则根据市场需要（客户要求）进行。

**6. 产业发展的软环境** 由于我国耕地面积相对较少，长期以来，在发展果树上贯彻“上山下滩，不与粮棉争地”的原则。在1983年，为了稳定粮食生产，政府制定了征收“农林特产税”的政策，旨在限制高效益的特产作物的发展。直到2004年，开始免征农林特产税、2006年全面免征农业税。2003年开始制定苹果优势区发展规划，随后，国家在区域经济发展研究、技术成果研发、产业技术体系构建以及专项技术推广补贴等方面做了大量工作，为苹果产业的健康发展营造了一个宽松的环境。美国对本国苹果产业发展同样十分关注，1904 年华盛顿州率先成立了园艺协会，1913—1919 年间，美国政府农业部在华盛顿州开放了两个技术研发与推广的实验室和一个灌溉试验站。1934 年，州政府立法机构批准成立维纳奇果树研究委员会，开始从销售苹果收益中提取一部分资金，用于专门服务于苹果产业的技术研发，目前，每年筹措到的经费在 400 万美元左右。美国政府 2003 年又制定了农业补贴的政策，果农如遇到不可抗拒的自然灾害，造成生产亏损时，政府补偿果农生产投入部分。另外，由于美国市场经济发育较好，政府和企业共同搭建了一批苹果产业信息平台，同时，也诞生了一些商业咨询机构，为果农生产经营和产品销售提供服务。

## 三、我国苹果生产发展趋势

### （一）栽培技术体系要由乔砧密植向矮砧密植转变

**1. 我国苹果栽培技术体系现状**　半个世纪以来，我国苹果栽培有了突飞猛进的发展，栽培技术也发生了很大的变化，其显著特征是由稀植变为以密植为主，这是一个非常重要的变革。单位面积株数增多，单位面积枝条数量增长快，而且小冠形可以简化树体结构，减轻修剪，幼树树冠扩大生长快，可以较早的采用一些促花措施，与稀植栽培相比，结果期提早了，早期产量提高了，因此，密植是必要的。但是，密植带来的树冠大小与营养面积的矛盾，如果不能得到很好的解决，树冠郁闭，内膛光照不足，也会影响花芽分化和果实着色，进而影响果品产量和质量，也给生产管理带来不便和困难，增加了技术难度和用工费用，提高了苹果生产成本。因此，密植栽培必须以树体矮化为基础，这是苹果矮化密植成功的关键。

苹果矮化密植栽培是栽培技术体系的变革。技术体系的组成，应包括选用优良品种和砧木，采用相应各项栽培技术集成。

如栽植密度、整形修剪、施肥制度、土壤管理制度、病虫害防治、机械应用、花果管理等。优良的栽培技术体系，要考虑在当地自然条件下，不同砧穗组合苹果树的生长势，采用配套的综合栽培技术，调节好营养生长和生殖生长的关系，以便达到优质、丰产、高效益的目的。苹果树生长势是不同砧穗组合在一定的自然条件和栽培技术措施下的反应，在栽培技术体系中，最突出的是选用砧穗组合、栽植密度和整形修剪技术。

使苹果树体矮化有应用矮化砧木、短枝型品种和矮化栽培技术等 3 种途径。我国苹果生产主要应用乔砧密植的栽培技术体系，即应用乔化砧木和普通型品种，单纯应用控冠、促花技术来实现早期丰产，增加果园的早期效益。为了在一个相对小的空间内安排一个生长势强旺的树体，必须采用一整套的控冠技术措施，逐步形成了一套以高度复杂和劳动密集为特征的栽培技术体系。技术的高度复杂意味着技术成本高，推广转化难，使我国苹果总体生产水平依然滞留在“工匠”水准，对专家和技术员有极强的依赖性。而高度密集的劳动力投入，不但极大地增加了生产成本，也限制了苹果生产的规模化经营。目前苹果栽培技术体系中劳动力用工占总投资的 35%～48%。劳动成本的增加和劳动力的日益短缺将明显降低苹果生产的比较效益。苹果乔砧密植在幼树期间，显示出栽植密度增加的早果效应。但是，随着树龄的增大，乔砧密植暴露出的问题日渐突出。

**2. 矮砧密植** 密植成功的关键是有效地控制树势，使树体矮化、树冠小型化，应用矮化砧木致矮是理想的措施。世界各个主要苹果生产国，几乎都在应用矮化砧木作为苹果矮化的手段，形成了矮化密植的栽培技术体系。矮砧苹果成形快，形成花芽容易，结果早；树势缓和，易控制，对于修剪反应不敏感，便于培养理想的树体结构和群体结构；行间和树冠内通风透光良好，果实在树冠中分布均匀，不仅单位面积产量高，而且果品质量高、着色好；树冠矮小田间管理方便、省工；技术简化，容易实现标准化管理；生产周期短，便于品种更新；经济寿命相对长，总体效益高。因此，应用矮化砧木，是果树现代化的重要部分，也是我国苹果发展的趋势。

我国引进矮砧几乎与北美、日本同期，但至今在生产上应用并不普遍。20 世纪 60 年代开始引进苹果矮化砧，70 年代国内曾掀起了研究和推广的高潮，并成立了全国苹果矮化砧研究与推广协作组，参加单位几乎包括了北方所有的果树研究所、农业大专院校和主要苹果产区。当时也在不少地方推广，但是保留下来的很少。

苹果矮化砧未能普遍应用的原因可以归纳为以下几方面：

**（1）矮化砧资源本身存在缺陷** 首先是抗寒性差，有些矮化性状好的砧木抗寒性差。如世界各地普遍应用的 M9、M26 有比较好的矮化效应，但在华北、西北和东北的一些地区，有时因冻害或抽条引起越冬伤害或死亡，不能正常越冬。而 MM106 和我国培育的 77－34、$CX_3$、78－48 等砧木的抗寒性虽好，但是，矮化性状比较差，嫁接的苹果树生长仍然比较旺，不能将树体控制到理想的大小。其次，矮化砧的根系比较浅，抗旱性比较差。我国主要苹果产区，春季干旱，在缺乏灌溉的地方，若管理不当会引起树势衰弱，影响产量和果实大小。

**（2）对我国较为独特的生态环境估计不足** 苹果主要产区早春干旱，冬季低温、少雪，要求矮化砧的抗寒性好。而生长季高温、多雨，雨热同季，苹果新梢生长旺，树势不易控制，要求砧木有比较好的致矮效果。我国苹果栽植的土壤条件差，果树上山下滩，栽植在瘠薄的土壤上，有机质含量很低，有些地方干旱、少雨，缺乏灌溉条件，也影响矮砧的利用。

**（3）早期生产推广中，忽略了矮化砧密植栽培对综合管理技术要求的特殊性** 由此引发的一些问题如：①园貌不整齐。由于苗木、越冬伤害和管理的原因，在同一果园内，株间的树冠大小有很大差异，影响了果品的产量。② 整形方式和技术应用不当，虽用了矮砧，但树冠过大，留枝量过多，果园仍然郁闭。③负载量控制不当，通常是过早结果而引起树体早衰。④生长量不足。在土层薄、无灌溉条件的地区应用矮化效应强的矮化砧，可能造成树体太小，枝量不足，最终影响产量。⑤栽植深度不当。栽植过深时，嫁接口被埋，引起接穗生根而失去矮化效应；栽植过浅，则裸露的砧木茎段容易产生树皮日灼（如 M26），轻者影响树势，重者死树。⑥矮化树的干性弱，如果中心主干中、下部留枝过大、过多，将影响中心主干的生长，形成群体平面结果，致使产量较低。

**（4）苹果生产的快速发展，使苗木生产供不应求，苗木生产规格低且混杂，高质量矮化苗木难以立足市场** 我国苹果苗木生产仍是以分散的小生产为主，很难达到标准化。由于苹果栽植者，过于注重苗木的价格而放松对苗木质量的要求，栽植快速培育的低龄苗木，将本应是苗圃培养的工作，转移到粗放管理的果园，推迟了果园投产的时间。国外栽植带有分枝的大龄苗木，栽植后 1～2 年就可结果，值得借鉴的。

**（5）矮化砧木的研究目标和评价体系出现偏差** 主要表现：①重选育轻应用。全国许多果树研究单位，多以矮砧选育为目标，即使获得了有价值的材料，对其矮化效应、砧穗组合的生长结果特性以及栽培技术特点研究不够，更谈不上针对我国特殊的气候条件，最大限度地发挥矮砧的效应，形成矮化砧木区划利用的完整体系。②固地性。有些矮砧苹果固地性较差，需要设架，在高标准栽培中，应该进行科学的成本核算，许多情况下，架材的投入是必要的，并能为果农所接受。③大小脚。部分接穗嫁接在矮化砧木上出现大小脚现象，它与矮化效应和寿命并没有直接的关系。

因此，开展苹果矮化砧木资源利用的研究，引进、培育适合我国不同生态类型的矮化砧木，尽快推广苹果矮化密植栽培，将有利于从根本上改变目前我国苹果生产的现状，逐步实现集约化栽培、规模化经营，使我国苹果生产跃上一个新台阶。河北农业大学历经20年探索和研究苹果“三优栽培技术体系”，已经取得了良好的成效。大幅度简化了技术，明显降低了管理用工，适宜大面积推广应用。

### （二）安全优质生产

**1. 安全生产** 随着我国苹果生产的快速发展，苹果产量已居世界首位，市场供应充足。但问题是中、低档苹果所占比例过大，相对过剩，甚至有时出现卖果难，而优质果相对较少，不能满足国内外销售的需要。苹果生产已由追求产量的数量型向提高质量的效益型方向发展。在优质果品生产中，首先要求生产安全、无污染的无公害的果品，一些地方已建立市场准入制度，不符合标准的果品将在销售上受到限制。特别是在对外贸易竞争中，进口国提出一定的果品农药残留标准，成为技术壁垒。欧盟要求产品从生产前到生产、销售全过程，都必须符合环保技术标准要求，对生态环境及人类健康均无损害。

**（1）注重环境** 生产无公害苹果只有在清洁的农业生态环境中用洁净的生产技术和方式。我国是一个发展中国家，环保水平还比较低，果品的生产、加工过程及包装、贮运诸多方面仍有不利于环保的因素。在苹果生产上，使用违禁农药、过量农药、除草剂、化肥用量过多或施用未经发酵的畜禽粪便等，都会污染土壤和水源。

**（2）病虫害防治** 苹果生长发育过程中，发生病虫害是不可避免的，有效地控制病虫害是苹果栽培技术的主要组成部分。如何减少化学农药的施用量，减少对果品和环境的污染，并且能保证果品的产量和质量，是今后苹果栽培的方向。其主要措施如下：

①加强病虫害预测预报。预防为主，适时防治，减少药剂防治。

②天敌保护和利用。按防治标准选用选择性农药，减少施用

有机广谱性、长效性农药，减少杀伤天敌，维持自然界的天敌控制水平。在行间间作有益植物或生草，改善生态环境，保持生态多样性，为天敌提供转换寄主、繁殖和越冬场所及增添食料。人工繁殖天敌，引入果园。

③农业生态控制。注意保护和改善生态环境，使生境多样化，以达到稳定生态，控制病虫害的目的。合理的树种、品种布局，避免有共同病虫害的间作物和相邻树种。保持品种多样性，以避免病害的大流行和虫害大发生。充分利用品种抗虫性和抗病性。结合冬季和夏季修剪除去病枝、病叶，田园清扫、刮树皮消灭越冬病虫。结合疏花疏果，疏除病虫果。果实套袋，防病防虫。加强土、肥、水管理，合理负载，提高树体抗病、耐害和补偿能力。

④使用性引诱剂。

⑤科学使用化学农药。目前利用化学农药防治病虫害，还是必要的。科学使用农药需注意：第一，不用违禁农药。农业部已颁发禁止使用的农药种类和品种（表1-2）应遵照执行。

**表1-2　绿色食品禁用农药种类、品种**

| 类　　别 | 药　　剂 | 特　　性 |
|---|---|---|
| 无机砷杀虫剂 | 砷酸钙、砷酸铅、白砒等 | 高毒 |
| 有机砷杀菌剂 | 福美胂、福甲砷等 | 高残留 |
| 有机汞杀菌剂 | 西力生、赛力散 | 剧毒、高残毒 |
| 氟制剂 | 氟乙酰胺、氟化钙 | 剧毒、高毒 |
| 有机氯杀虫剂 | 六六六、DDT、林丹、艾氏剂等 | 残毒 |
| 有机氯杀螨剂 | 三氯杀螨醇 | 含DDT |
| 卤代烷类杀虫剂 | 二溴乙烷、二溴氯丙烷 | 致癌、致畸 |
| 有机磷杀虫剂 | 甲拌磷、乙拌磷、久效磷、对硫磷、甲基对硫磷、甲胺磷、甲基异柳磷、氧化乐果、磷胺等 | 高毒、剧毒 |
| 氨基甲酸酯类杀虫剂 | 涕灭威、灭多威、万灵等 | 高毒、剧毒 |
| 二甲基脒类杀螨剂 | 杀虫脒 | 致癌、慢性毒性 |
| 取代苯类杀菌剂 | 五氯硝基苯等 | 致癌 |
| 植物生长调节剂 | 有机合成植物生长调节剂 | |
| 二苯醚类除草剂 | 除草醚、草枯醚 | 慢性毒性 |

第二，使用选择性农药品种。对症使用对人、畜安全、不伤害天敌、对环境无污染、对目标害虫有高效的农药品种。苹果园常用的选择性农药品种，有昆虫产生调节剂类25%灭幼脲3号、25%苏脲1号、25%敌灭灵等；微生物制剂类青虫菌6号，Bt乳剂、农抗120、多抗霉素、阿维霉素等；选择性杀螨剂类20%螨死净、5%尼索朗、50%阿波罗等；选择性杀蚜、蚧剂类有90%吡虫啉、蚜虱净等，已在生产上推广应用。

第三，使用时期。害虫和天敌的种群监测，按照防治指标，在天敌与害虫比例不够高或害虫数量达到经济受害水平时使用选择性农药。在果树休眠期或在春季害虫出蛰期，天敌尚未活动时用药，对天敌和环境都比较安全。

第四，降低使用浓度。在有效浓度范围内，不随意提高使用浓度，有利保护天敌。

第五，合理混用农药。杀虫剂与杀螨剂、杀菌剂合理混用，可减少用药次数，兼治同时发生的病虫害，但不能随意将作用机理和防治对象相同的药剂混用，更不能将多种不能混合的农药随便混合。

第六，轮换使用农药。把杀虫、防病机理不同的农药轮换使用，可以有效地控制或延缓病虫产生抗药性。

**（3）肥料的施用** 无公害果园的施肥，以有机肥为主，化肥为辅，保持或增加土壤肥力及土壤微生物活性，所施用的肥料不应对果园环境和果实品质产生不良影响。①有机肥的施用。有机肥包括粪肥、饼肥、作物秸秆肥、堆肥、沼气肥、绿肥、城市垃圾等，含有大量生物物质、动植物残体、排泄物及其他生物废物。有机肥除为果树提供营养外，还能提高土壤有机质含量，增强保水能力，有利土壤微生物活动，可增强树势、改善果实品质。但是，有些有机肥施用前需要先作无害化处理，以免对环境造成不良影响。目前粪肥是果园有机肥施用的主要来源，但由于种种原因，往往未经发酵，直接施入果园，不仅影响环境，而且肥效也不能及时发挥。粪肥无害化处理的主要方法是堆积发酵，利用发酵过程中的高温，杀死病原菌、害虫和虫卵，使有机物分解，提高肥效。处理过程中，可以加 EM 菌，促进粪肥的熟化。将粪肥和作物秸秆混合，堆积发酵，做成堆肥，效果更好。此外，城市垃圾也需进行无害化处理。

②化肥的施用。目前的问题是化肥施用过多，在土壤残留过多，甚至污染水源。有些地方有机肥的肥源不足，以化肥为主；有的则施用种类单一，以氮肥为主，营养不平衡。合理施用化肥的原则：①减少化肥施用量。与有机肥配合施用，有机氮与无机氮之比 1∶1 为宜。②平衡施肥。根据当地土壤情况，除氮肥外，适当施用磷、钾肥，一般苹果结果树 N∶$P_2O_5$∶$K_2O$ 比例为 1∶0.5∶1。有条件的地方，最好进行营养诊断，有针对性地按需施肥。③注意微量元素的补充。以黄土为母质的土壤，偏碱性，苹果树常出现缺乏铁、锌、硼等因素的生理病害。④根外追肥。叶面喷肥用量小，果树利用及时，可作为土壤施用的补充。大量元素、微量元素均可施用，而微量元素的补充更加有效。

**2. 提高果实品质** 我国苹果果品质量的主要问题是外观品质差，影响了苹果的商品率。很多果品达不到国内外市场的要求，出现优质果紧俏，而中、低档果滞销，发展以提高果品质量为中心的生产模式，是提高苹果生产效益的主要途径。市场要求果实大小整齐、全面着色、色泽鲜艳，果面洁净。对颜色的要求，有的喜欢深红，有的喜欢鲜红。外观品质存在的问题有着色不良，全树着色不一致，单个果实果面着色面积小，只有部分有颜色，着色浅，或着色暗，不鲜艳。果形不端正，果实偏斜；果面粗糙，缺乏光泽，有锈斑、斑点、微裂、裂口、皱皮；大小不整齐。内在果实品质要求风味甜酸适口，质地细脆，有品种特有的香气。存在的问题是甜度不够，果肉过硬，不脆，或容易变绵。

**（1）影响果实品质的因素**

①品种。苹果果实的品质决定于苹果品种特性。但是，自然

条件和栽培技术，影响品种特性的表达，有些自然条件的影响，可以通过栽培技术来调节，有的则不易解决。自然条件的影响是各个影响因素的综合作用，但分析还是要从单因素开始。

②温度。生长积温在北部冷凉地区影响比较大。生长期太短，积温不够，晚熟品种不能正常成熟，或糖度积累不够；有些苹果品种受低温影响，幼树不能安全越冬，结果树有时花芽受冻；有的受晚霜伤害。夏季高温，影响果实正常发育，阳面受到阳光直接照射，使果面局部失水，引起日灼；有的引起果皮伤害，水分变化时，产生裂纹、皱面等。≥35℃的天数，常作为生态适应区划指标的临界值。美国华盛顿州高温伤害频繁出现的苹果地区，利用喷灌进行冷凉灌溉，有效地减少了果实日灼。日温差的大小对果实糖的积累和着色有明显的影响，山地果园着色优于平原地区，温差大是重要原因之一。

③光照。阳光是果树同化作用能量的来源。光照不足，影响营养积累，果实糖分降低，着色不良。因此，光照是优质果生产栽培重点考虑的问题。光照强度与当地的纬度、海拔高度、坡向、晴天日数、天空云量等因素有密切关系。而树冠内部的光照相对强度则与整形修剪有直接的关系。

④土壤。土壤环境对果树根系生长有重要影响。其中有机质含量是重要因子。丰富的有机质，使土壤保水性增强、对营养元素消长起缓冲作用，有利于微生物活动降解有机物，供给果树根系吸收，也有利于矿质元素的吸收。土壤有机质含量常看作土壤肥力的指标。栽培上，通过施肥、行间生草，提高土壤有机质含量。

⑤水分。过分干旱会影响果实的生长，果实偏小、果皮厚、果肉硬、果汁少。在果实迅速生长期，应适当灌水。我国苹果重要产区，夏季多雨，排水也须重视，采收前土壤水分剧烈变化会引起裂果。

**（2）苹果优质果品生产技术要点** 影响苹果果品品质是多

因素的综合影响，因此，优质苹果生产需要采用综合配套技术。各地生态条件不同，其重点也有差异。重要技术要点如下：

①适地适栽。栽培区域化包括3方面内容，首先生产地区的区划。在生态最适宜区和适宜区，着重生产用于供应外销、国内高档市场的优质果，生态条件较差的地区，可以生产大众消费的中档果品，或加工原料果品。有目标地组织苹果生产，有针对性地采用相应的栽培技术，可以降低生产成本。例如生产加工原料果品时，不需套袋，适当多留果，减少喷药次数。其次是品种区划。在不同地区，适宜栽植的苹果品种亦有差异。例如乔纳金苹果在较冷凉地区，品质果实着色好、风味浓，能表现该品种的优良特性。第三是栽培技术区划。同一苹果品种在不同地区的生长势和花芽形成难易有很大差异，优质果品生产的技术重点，也应有所不同。

②砧木。砧木不仅影响生长势和树冠的大小，也对果实的大小、着色、风味有明显的影响。例如嫁接在SH系上的红富士苹果，着色鲜艳、含糖量高、稍有酸味、甜酸适口、风味浓郁、肉质脆、硬度大。

③维持健壮而中庸的树势。树势过旺，会影响果实着色。中庸树势，树体营养积累充足，果实着色好。日本在富士生产由套袋转向无袋栽培的重要措施就是维持中庸树势。技术上要从果树合理施肥、合理负载、控制生长、促进树体营养积累等方面着手。

④整形修剪。着重解决树势和树膛内部通风透光问题。要选择适当的树形及整形技术，以便有良好的群体结构和树体结构。群体结构中，相邻两行或两株的树冠实际间隔、单位面积枝叶量、叶面积系数；树体结构中树冠高度、骨干枝数量、大小、级次、排列方式、叶幕层的厚度和分布、枝叶密度等，都是整形修剪中考虑的因素。红色苹果品种的着色，需要一定的光照强度，相对光强≤40％时，不能生产优质苹果，而红富士苹果果实着

色，要求果实有阳光的直接照射，生产优质果对光照的要求更高。为了树冠有良好的光照条件，要求根据品种、砧木组合的生长势，可控制的树冠大小，决定合理的栽植密度，并选择适当的树形和整形技术。目前生产上多用乔砧密植，盛果期以后，果园郁闭比较常见，采用间伐和树体改造的方法，来解决光照问题。提高树干、落头开心、减少骨干枝的数量、级次、层数，将树冠的叶幕层总厚度降低等，变纺锤形为高干开心形。矮化砧苹果栽培应用圆柱形、细长纺锤形，控制树冠的冠幅，保持行间树冠间距。实践证明，三优栽培技术体系可以有效地控制树冠大小，解决树冠内部的光照，盛果期果园行间仍有1米左右的间距，树冠内膛和下层，也能获得优质全红果。

⑤土壤管理。以提高土壤肥力和有机质含量为中心，施肥以有机肥为主，注意氮、磷、钾的施用比例，使营养元素平衡，同时，适当施用微量元素。

⑥花果管理。适当控制产量，适时疏花、疏果，并进行选择留果。红富士苹果选留着生在长果枝或多年生短果枝上的果实，使其在生长过程中不受阻碍，能够形成下垂果，以减少偏斜果实的比例。疏除畸形果、病虫果。幼果及时套纸袋，以促进着色，提高果面光洁度，也可减少果面的农药残留。果实着色期疏除过密的枝条，适当摘除影响果实照光的叶片，地面铺设反光膜，改善树冠内膛光照条件，促进果实全面着色。

⑦适期采收。应使果实达到采收成熟度，表现出品种的优良品质时再采收。

⑧及时防治病虫害。掌握病虫发生规律，做好预报，及时采用无公害、综合防治措施，控制影响苹果生长、果实发育的病虫害，提高果品质量。

# 第二章　苹果栽培的生物学基础

## 一、苹果的年周期与生命周期

### （一）年生长周期

苹果的年周期是指在一年内随着气候的变化，苹果表现出有一定规律性的生命活动过程。年生长周期中，果树生长发育有规律的形态变化与季节性气候变化相适应的时期称为物候期。苹果的年生长周期可分为生长期和休眠期两个阶段。从春天萌芽开始进入生长期，从落叶开始进入休眠期。

**1. 生长期**　是苹果树各部分器官表现出显著的形态和生理功能动态变化的时期。

春天苹果开始一个新的生长期，芽萌发，抽枝展叶，开花坐果。夏天进入旺盛生长期，各个新生器官继续生长发育，枝叶繁茂，果实由小变大。秋天果实发育逐渐成熟，新梢停长，枝条逐渐充实，芽变得越来越饱满，叶片开始衰老，最后脱落，生长期结束。这些变化与气候条件，尤其是与光热积累有密切的关系。

生产上常用的重要物候期有叶芽膨大期、萌芽期、新梢生长期、落叶期、花芽萌动期、开花期、坐果期、生理落果期、果实发育期、果实成熟期等。

叶芽膨大期：表现为芽体变大。

萌芽期：鳞片错开，幼叶露出。一般发生在 3 月底到 4 月初。

新梢生长期：叶片展开，节间伸长，叶片不断增多，新梢变长。

落叶期：从开始落叶到叶全部脱落为止。

花芽萌动期：芽片膨大，鳞片错裂。北方地区一般 3 月上、中旬进入萌动期。

开花期：花朵开放到落花这段时期。一般在 4 月中、下旬到 5 月初。

坐果期：落花后受精的子房膨大即进入坐果期。

生理落果期：由于枝梢生长与果实发育竞争营养导致落果。一般发生在 6 月，又称“六月落果”。

果实发育期：生理落果后，果实进入快速生长期。该阶段果实体积明显增大。

果实成熟期：该阶段红色品种果实开始着色，绿色品种果皮叶绿素含量下降，颜色变浅。

**2. 休眠期**　指苹果的芽或其他器官生长暂时停顿，仅维持微弱生命活动的时期。苹果的休眠期通常指秋季落叶到来年春季萌芽前的一段时期。苹果进入休眠期后，芽、茎尖、根尖和形成层等停止细胞分裂，体内的代谢活动极弱，表面上观察不到任何生长变化。苹果的休眠是在系统发育过程中形成的，是一种对逆境的适应特性。处于休眠期的苹果树对低温和干旱的忍耐力增强，有利于度过寒冷的冬季或缺水的旱季。

苹果的休眠分为自然休眠和被迫休眠两个阶段。自然休眠是指由果树内在因子决定的一种休眠。在自然休眠状态下，即使给予适宜生长的环境条件，仍然不能萌芽生长。对苹果树而言，只有正常进入并通过自然休眠，才能进行以后的生命活动。解除自然休眠需要在低温条件下度过一段时间，这段时间称为需冷量，通常以≤7.2℃低温的累加小时数表示。苹果的自然休眠期大约在 12 月到次年 1 月间解除。

被迫休眠是指由于不利的外界环境条件（低温、干旱）的胁迫导致的生长发育暂时停滞，逆境一旦消除即恢复生长。一般苹果的芽在自然休眠结束后，由于当时的低温而不能萌发生长即进入被迫休眠状态。但是，被迫休眠与自然休眠在外观上不易辨别，解除休眠通常以芽开始活动为标志。

苹果的不同品种其休眠特性不同。同一品种不同年龄段的休眠特性也不相同。生长旺盛的幼树进入休眠晚，解除休眠迟。同一株树上，花芽比叶芽进入休眠早，小而细弱的枝条比旺枝休眠早。同一枝条形成层比皮层和木质部进入休眠晚，解除休眠迟。另外，低温、干旱、短日照促进休眠，肥水过多，枝条旺长，使休眠延迟。

在幼树生育后期控制灌水，减少氮肥用量，喷施生长调节剂，开张枝条角度等减缓和促进枝条停长的措施，均可促进休眠，有利提高抗寒性。红富士苹果幼树生长旺盛，枝条停长晚，枝条不充实，进入休眠迟，是其越冬性差的重要原因之一。

### （二）生命周期

果树的生命周期是指从生到死的生长发育的全过程。有性繁殖的果树即播种繁殖来的果树，一般要经历幼年期、成年期和衰老期 3 个阶段。苹果只有在育种时才采用播种繁殖，生产上栽培的苹果多由嫁接繁殖而来，称为无性繁殖的苹果。嫁接繁殖苹果树的一生要经历营养生长期、结果期和衰老期 3 个阶段。

**1. 营养生长期**　营养生长期是指从嫁接繁殖的苹果苗木定植到开花结果前的一段生长时期。营养生长期的长短一般用树苗定植到开花结果前需要度过的时间表示。苹果的营养生长期一般为 3～5 年。在营养生长期，苹果树枝条生长势强，一个生长季节内表现出二次生长或多次生长。新梢生长量大，节间比较长，薄壁组织较发达。叶比较大，脱落晚。树冠迅速扩大，形成骨干枝，逐渐构成树体骨架，树冠多呈圆锥形或塔形。根系离心生长旺盛，吸收面积迅速扩大。与播种繁殖苹果树的幼年期不同，该时期苹果具备开花结果的能力。但由于生长旺盛，营养积累不够，影响了花芽的形成。

在营养生长期，可采用适宜的人工技术措施促使其提前开花结果。常用的方法有使用矮化砧木或矮化中间砧木，可有效地促进早开花结果；采用环状剥皮、环割、轻度修剪、多留枝长放等修剪技术也能促使早开花结果；适当使用植物生长调节物质，先促进、后控制营养生长，可诱导苹果树早开花。缩短营养生长期的基础是增加树体内营养物质的合成积累及合理分配，只有保证树体健壮生长，才能有效地促使苹果树提前进入结果期。

**2. 结果期** 结果期从幼树第一次开花结果起到开始出现产量明显下降等衰老特征为止。结果期苹果树一边继续营养生长，一边开花结果。这是苹果树生产的重要时期。通常将其再细分为结果初期、结果盛期和结果后期 3 个时期。

**（1）结果初期** 结果初期指苹果从第一次开花结果到大量结果前的一段生长时期。在这一时期内，营养生长由旺盛逐渐趋于稳定。先是分枝大量增加，离心生长强，树冠骨架继续扩大，根系也继续扩展，形成大量各级侧根。随着树体生长，果实产量增加，营养生长速度降低，骨干枝离心生长减缓，树体从以营养生长为主逐步转向以生殖生长为主。苹果先是以长、中结果枝为主，可在枝条上部形成腋花芽开花结果，随后，中、短结果枝逐渐增多，主要形成大量的顶花芽开花结果。

这一期的长短与栽培技术关系密切。乔砧稀植栽培的苹果树，进入结果盛期需要的时间比较长。在这一时期内，栽培管理需要注意深翻改土、施肥，建成树冠骨架，培养结果枝组，迅速提高产量，防止树体旺长，保证树体健壮，可使苹果树提前进入结果盛期。

**（2）结果盛期（盛果期）** 结果盛期从苹果树开始大量结果起到产量开始下降为止。在结果盛期，枝叶营养生长逐步减少，结果枝大量增加；年年形成花芽，开花结果，产量高且相对稳定；果实的品质充分表现出原有的品种特性。盛果期苹果主要靠短果枝结果，中、长果枝为辅，腋花芽较少。随着树冠的扩大，外围枝叶量增加，内膛光照条件愈来愈差，结果部位逐渐外移。树冠内部开始出现少量旺盛生长的更新枝条，表明树体向心生长开始。根系的部分侧根开始死亡，发生明显的局部交替现象。

结果盛期的长短，品种间的差异很大，还受到自然条件和栽培技术的影响。该阶段需要注意加强肥水供应，更新结果枝组，控制适宜的叶面积系数和叶果比，调节营养生长和开花结果的比例，减缓大小年结果现象的出现。通过这些调整可延长苹果树的结果盛期。

**（3）结果后期**　结果后期是指从苹果树出现大小年开始到产量明显下降，不能恢复经济收益为止。此期树体新梢生长量小，多形成短缩枝和短果枝；结果枝逐渐死亡；果实变小，含水量减少；骨干枝下部光秃，即使发生徒长枝，也难形成更新枝，主枝顶端开始衰枯；骨干根生长逐渐减弱，并相继死亡，根系分布范围缩小。

此期需要注意大年疏花、疏果，小年促进新梢生长，调节控制花芽形成，平衡树势；增施肥水，深翻改善更新根系，提高树体营养；缩剪外围，复壮内膛，控制产量，注意更新，可延缓衰老期的到来。

**3. 衰老期**　衰老期是指从产量明显降低到苹果树生命终结为止。衰老期苹果树体生命活动更加衰弱，营养生长明显衰退，新梢生长量很小，新梢短且细；主干衰老，容易受各种病虫伤害；骨干枝开始枯死，很难更新恢复生长；结果枝不断减少，开花结果不能正常进行，甚至不再开花结果；生产的少量果实品质也差，逐步失掉经济栽培价值。整株果树缓慢结束所有生命活动。

虽然此期仍可利用潜伏芽寿命长的特点，采取一些更新措施来进行挽救，但更新后，维持时间不长，树体生命活力仍在逐渐降低。一般的生产性果园，多采用砍伐清除衰老树，并重新栽树的措施。对绝大多数苹果园而言，由于病害尤其是腐烂病，未到该时期已经重新建园了。

## 二、苹果主要器官与发育

### （一）根系

**1. 根系的功能**　根系的主要功能：①将树体固定于土壤中；②吸收水分和养分；③将水分、无机盐、贮藏养分和其他生理活性物质运输至地上部，也将地上部的光合产物、有机养分和生理活性物质送至根系；④贮藏养分，早春供给枝、叶、花的发育；⑤进行某些生物合成，如将无机氮转化为氨基酸和蛋白质，糖类和淀粉的相互转化，合成某些激素，如生长素和细胞分裂素等。

**2. 根系的类型与结构**

**（1）根系的类型**　按照根系的发生及来源可分为3类：

①实生根系。由种子的胚根发育而来。其特点是主根发达、分布较深，对根际环境有较强的适应力，但个体间差异较大。苹果砧木播种得到的苗木就属于实生根系。

②茎源根系。用枝条进行繁殖时，根系起源于茎上的不定根，称为茎源根系。其特点是主根不发达，分布较浅，对根际环境的适应力不如实生根系，但个体间差异较小。如压条繁殖得到的苹果矮化砧苗、离体快繁得到的苗木等都属于茎源根系。

③根蘖根系。根上发生不定芽而形成根蘖，根蘖与母体分离后形成独立个体，其根系称为根蘖根系。特点与茎源根系相似。

**（2）根系的结构**　果树的根系通常由主根、侧根和须根组成。主根由种子胚根发育而成。侧根是主根上着生的粗大分支。须根是侧根上形成的较细的根，主要肩负吸收、合成等功能。主根和各级侧根构成根系的骨架，称为骨干根。

**3. 根系的分布**　根系在土壤中的分布，一般越接近上部的侧根，根倾角越大，几乎与地面平行，称为水平根。其特点是位置较浅，但分布范围广。水平根分支多，着生细根也多，是构成根系分布的主要部分。水平根的分布，一般都超过树冠扩展范围的1～3倍。吸收根集中分布层一般在20～80厘米深处，多数在40厘米左右，以树冠外缘分布最多，是根系吸收肥水的集中层。因此，施肥时要施在根系集中分布的树冠外围，以提高肥料的利用率。

在土层中位置越向下的侧根，根倾角越小，几乎垂直向下生长，这种根系称垂直根。垂直根能把树体固定于土壤中，并从深层土壤中吸收养分和水分。垂直根的分布深度一般小于树高。

苹果根系的分布因砧木种类、土壤性质、地下水位高低和栽培技术而异。一般生长势强的品种根系分布深而广，生长势弱的根系分布浅而窄；乔化砧木的根系比矮化砧木的分布范围广。在较疏松的土壤上比较黏重的土壤上分布深广。土层深厚对根系深度的影响较大。如土层较薄的辽南和山东胶东地区的山地苹果根系深度约1米左右，而西北黄土高原和华北平原地区苹果根系常深达4～6米。同时，地下水位高的地区根系分布较浅。地上部与地下部是相互影响的，一般来讲，根系分布深广，树冠也比较大，就是通常我们所说的“根深叶茂”。因此，可以通过调控根系生长范围达到控制树冠大小的目的。

**4. 影响根系生长的因子**

**（1）地上部有机营养的供应**　根系功能实现所需能量物质都依赖于地上部有机营养的供应。有节奏和适度的新梢生长对维持根系的正常生长是必不可少的。结果过多，或叶片损伤都能引起有机营养供应不足，抑制根系生长。

**（2）土壤温度**　苹果根系生长的适宜土壤温度为7～20℃，1～7℃和20～30℃时生长减弱。当温度低于0℃或高于30℃时，根系停止生长。果园覆盖、生草等可以降低高温季节的土壤温度，有利于根系行使正常的生理功能。

**（3）土壤的水分与通气状况** 根系的生长既要求充足的水分，又需要良好的通气。最适于根系生长的土壤含水量，约等于土壤田间最大持水量的60%～80%。土壤通气不良，影响根的生理功能和生长。氧气不足，导致根和根际环境中的有害还原物质增加，严重的会造成根系窒息死亡。因此，通气不良的黏重土壤不利于苹果根系生长，需要采取掺沙、增施有机肥等措施改良土壤。

**（4）土壤肥力** 一般情况下，土壤营养不是造成根系停止生长、乃至死亡的因素。但是，肥沃的土壤中根系发育良好，吸收根多，持续活动时间长。不同元素种类和形态对根系生长的影响不同。氮和磷刺激根系生长，硝态氮使苹果根细长，侧根分布广，铵态氮使根短粗而丛生。

**（5）土壤酸碱度与含盐量** 苹果根系喜欢微酸性到微碱性土壤，pH适应范围在5.3～8.2，最适范围为5.4～6.8。过酸土壤易导致某些矿质元素的流失，过碱土壤易使某些元素的吸收发生障碍，这些都会导致缺素症的发生。苹果耐盐力不高，含盐量超过0.28%就会受害。

**5. 根系的年生长动态** 苹果根系没有自然休眠，只要条件适宜全年都可以生长，吸收根也随时发生。但由于地上部的影响，环境条件的变化以及种类、品种、树龄差异，在一年中根系生长表现出周期性的变化。

山东农业大学王丽琴的观察发现，苹果幼树的根系5月中、下旬达到高峰，秋季出现第二次高峰。河北农业大学曲泽洲对结果初期的金冠苹果观察发现，其根系一年有3次生长高峰。第一次在3月上旬至4月中旬发芽前后；第二次从新梢将近停止生长到果实迅速生长和花芽分化之前；第三次在果实采收后，随着养分的回流，根系再次出现生长高峰。

## （二）枝条

**1. 新梢**　从叶芽萌动开始到枝条停长为止所形成的枝条称为新梢。新梢生长分为加长生长和加粗生长。开始芽内叶原始体展出长大1周左右，依靠节间和生长点细胞的增生膨大，新梢开始加长生长。由于叶片增多，叶面积增大，光合产物大量增加，新梢生长进入旺盛生长期，每天的生长量可达1厘米左右。全树新梢第一次生长一般在6月中、下旬减缓或停止，这段新梢称为春梢；7月下旬至9月又有一次生长，形成秋梢。春、秋梢交界处芽的发育很差，形成明显的盲节。新梢在加长生长的同时，依靠形成层的活动，也在加粗生长，一般加粗生长稍晚于加长生长，分枝较多的枝条加粗生长快。枝梢生长减慢或停止时，其消耗的营养物质减少，根系生长和花芽分化出现高峰。春、秋梢的比例和长短反映了树体的营养状况。一般春梢长、秋梢短是良好的树相。在春季干旱缺少灌溉条件的地区，往往春梢生长量不足，叶片较少，前期光合产物积累较少，不利花芽的分化；到了雨水较多的夏、秋季节，又会引起新梢的补偿生长，造成秋梢过长，停长过晚，秋梢生长的营养消耗，影响树体贮藏营养的积累，从而影响花芽质量和次年春季的生长发育，形成恶性循环。由于春梢上的叶片发生较早，到了秋季其光合能力下降，而秋梢叶片发生较晚，晚秋还保持较强的光合能力，是后期营养贮备的重要器官。因此，没有秋梢或秋梢过短会降低树体的贮藏营养水平。

不同类型新梢生长延续时间长短不同。萌芽后不久便停止生长的形成叶丛枝，中、短枝停长也比较早，生长旺盛的发育枝和徒长枝停长较晚，并常抽生秋梢。停长早的中、短枝形成顶芽早，营养积累相对较多，容易形成花芽。花芽生理分化期停长新梢的比例是判断来年花量是否充足的重要树相指标。一般生理分化期停长新梢的比例达到80%左右是良好的树相。

**2. 营养枝** 只长叶不开花结果的枝条称为营养枝。营养枝又可分为发育枝、徒长枝和叶丛枝。

发育枝生长健壮，组织充实，芽饱满，是扩大树冠的主要枝条。发育枝叶片肥大，光合能力强，其光合产物可以远距离运输，可为苹果树的开花结果和根系生长提供营养。

徒长枝一般着生在枝干的背上，生长直立，节间长，叶片大而薄，芽不饱满，停长晚，消耗大量的水分和养分，容易造成树冠郁闭，不利于苹果正常生长和结果。修剪过重容易刺激发生徒长枝。但随着树龄的增大，树势的衰退，可以利用徒长枝进行更新，延长结果年限。

叶丛枝的特点是节间非常短，许多叶丛生在一起，故而得名。一般发生在发育枝的中、下部，营养条件好时可转化为结果枝。

**3. 结果枝** 苹果的结果枝是指着生花芽的枝条。按照结果枝的长度可分为长果枝（15～30 厘米）、中果枝（5～15 厘米）和短果枝（<5 厘米）。苹果的结果枝以短果枝为主，幼树期由于生长旺盛，其中长果枝的比例高于盛果期大树。

苹果的花芽萌发后先形成一段短而肥大的枝条，其顶端着生花序，通常称之为果台。果台上的叶芽当年可萌发新梢，称为果台副梢。有的果台副梢当年可形成花芽，第二年开花结果，称之为连续结果。有的品种可连续多年结果。

### （三）叶片

叶片是苹果进行光合作用、生产有机营养的主要器官。同时，叶片形状、色泽也是区分品种的重要指标。

在一个新梢上，叶片发生时由于受到环境和树体营养条件的影响，不同节位叶片大小有规律的变化。一般基部和顶部的叶片较小，中部的叶片较大。但在贮藏营养和当年营养的转换期，中部出现小叶。基部叶片发生较早，其形态建成主要依靠上一年贮藏的营养。因此，贮藏营养的水平影响基部叶片的大小，从而影响到早期开花和幼果的发育。长梢中部的叶片大而厚，光合能力强。顶部叶片形成晚，在秋季依然保持较强的光合能力，对后期营养的贮备有重要作用。叶片的质量还与其在树冠内所处的位置有关。一般树冠外围光照好，叶片厚而叶色浓绿，光合能力强，而树冠内部光照差，叶片大而薄，光合能力较差。当树冠内部光强降低到30%以下时，叶片的消耗大于合成，变成寄生叶。

果树叶面积总和与果树所占土地面积的比值称为叶面积指数。它反映单位土地面积上的叶密度。叶面积指数过小，说明单位面积上叶片少，光能利用率低，光合产物少，产量低。叶面积指数过大，叶片过多，互相遮光，也会影响光能的有效利用。一般认为苹果适宜的叶面积指数为2.5～3.5。适宜的叶面积指数受到栽培制度、环境条件等多方面的影响。在矮砧密植条件下，其适宜的叶面积指数比乔砧栽培要小。

光能的有效利用还与叶幕的厚度、形状和在树冠中的分布有关。叶幕是指在果树树冠内同一层骨干枝上全部叶片构成的具有一定形状和体积的集合体。叶幕厚、层数多，树冠内光照差，无效叶比例高，不利于提高产量和质量。适当的叶幕厚度和叶幕间距，是合理利用光能的基础。另外，叶幕外缘呈波浪形有利光的穿透，是较好的丰产结构。目前我国西北地区大面积推广的控冠改形，其核心就是通过降低叶幕厚度，减少层数，以提高光能的利用率。

### （四）花

**1. 花芽形成** 花芽形成是开花结果的首要条件，对此每年应采取有效措施促使形成足够数量的花芽。苹果的花芽属于混合花芽，一般着生在短、中枝的顶端，有些品种长梢上部的侧芽也可形成腋花芽。苹果的花芽是在开花前一年的夏、秋季节形成的，集中分化的时期是在6～9月份，7～8月份为分化盛期。

苹果的花芽分化主要包括生理分化、形态分化和花芽进一步发育3个时期。当新梢形成顶芽或腋芽后，芽内生长点在条件适宜的情况下，部分芽生长点发生生理上的质变，向花芽方向发展，这是芽体发育的重要转折期，这一时期称为生理分化期。生理分化期是调控花芽分化的重要阶段。生理分化期一般发生在盛花后4～5周至9～10周，如北京地区红富士和国光苹果的生理分化期发生在5月下旬至7月上旬，分化盛期在6月中、下旬。

进入生理分化期后2～3周，生长点开始发生变化，即进入花芽形态分化期，此时生长点向花的器官发展。花芽的形态分化由外轮器官向内轮器官分化，经历花芽分化初期、花蕾形成期、萼片形成期、花瓣形成期、雄蕊形成期和雌蕊形成期等6个过程。到秋季落叶前，花芽的形态分化过程结束。休眠期后至开花前，花芽进行性器官如花粉粒、胚珠等的发育，称为花芽的进一步发育时期。花芽生理分化期决定着花芽的数量，而形态分化期和进一步发育期则决定着花芽的质量。

花芽分化除受遗传特性的影响外，还受到树体的营养状况、树体的负载量、外界环境因素的影响。花芽分化首先受到遗传特性的制约。红富士苹果、元帅等花芽形成较难，而金冠、秦冠、乔纳金、王林、津轻等花芽形成容易。良好的根系生长发育和足够量的枝叶能形成充足的营养物质，是花芽分化的前提。但是，生长过旺，枝叶生长消耗大量的营养，反而会抑制花芽的分化。树势弱，花芽形成较多，但花芽质量不好，影响坐果。树体结果过多，一方面由于消耗营养过多，树体营养生长弱，树体内碳水化合物积累不足。同时，果实中大量的种子产生过量的赤霉素影响树体内的激素平衡。上述两个因素都不利于花芽的分化。但是，树体负载量过小，营养生长过旺，也不利于花芽的分化。光照充足，叶片光合能力强，同化产物积累多，花芽分化多，质量高。夏季温度低、昼夜温差大的地区以及高海拔地区，苹果花芽分化容易，且质量好。生理分化期适度干旱有利于花芽分化。利用矮化砧木、修剪、使用生长调节剂等栽培措施，主要是通过影响树体的营养状况及树体内的激素平衡来调节花芽分化的。

**2. 开花、坐果与落花落果**　从外观上看，苹果花芽萌芽后到落花要经历以下几个有显著区别的发育阶段。

花芽萌动期：芽片膨大，鳞片错裂。

开绽期：花芽先端裂开，露出绿色。

花序露出期：花序伸出鳞片，基部有卷曲状的莲座状叶。

花序伸长期：花朵聚在一起，花柄伸长。

花序分离期：同一花序中的花朵分离。

气球期：花朵呈气球状，花瓣显露。

初花期：从第一朵花开放到全树25％花序的第一朵花开放。

盛花期：全树25％～75％花序的第一朵花开放。

落瓣期：第一朵花的花瓣开始脱落到75％的花序有花瓣脱落。

终花期：75％的花序有花瓣脱落到所有的花的花瓣脱尽。

苹果开花期一般在4月中、下旬至5月上旬。开花期的早晚与积温有关。苹果从花芽萌动到开花需要≥5℃的积温为185℃±10℃。春季光照好，温度高，开花早，阴天多雨开花延迟。花期的长短主要与花期的温度有关。花期冷凉，有利于延长花期，高温干燥花期缩短。花期的长短与授粉有密切的关系。花期长，授粉的几率增大，有利于坐果。另外，大风也会大大缩短花期，影响授粉。

苹果花芽萌发后形成一段短而粗的果台，花序着生其上，一个花序通常有5～7朵花。一个花序内的花朵，自开放至全谢约历时1周。一朵花的开放时间为4～5天，一棵树花开放15天左右，气温在17～18℃是苹果开花最适温度。一般苹果中心花先开，两天内侧花相继开放；短果枝花先开，中、长果枝花后开，腋花芽最后开；树冠中、下部的花先开，中、上部的花后开；

成龄树花先开，幼旺树花后开。开花早晚还与花芽和质量有关。分化早、质量高的花芽开花早，反之开花迟。一般中心花形成的果实大而周正。所以，疏花、疏果时一般留中心花、中心果。

苹果属于典型的异花授粉果树，同一品种花粉授粉亲和力很差，必须靠其他品种花粉进行授粉才能正常结果。生产中应选择与主栽品种花期相遇、亲和力强、花粉量大的品种作授粉品种。苹果的花属于虫媒花，靠昆虫传粉，花期的天气状况影响昆虫的活动，从而影响到授粉的质量。经过授粉受精后，花的子房膨大而发育成果实，在生产上称为坐果。坐果率的高低与树体的营养水平、环境条件、授粉质量等有密切关系。成龄苹果树，常开花很多，有时多达几万朵，而实际坐果则只需要几百朵，大部分在开花后或幼果发育过程中脱落。过多的开花消耗了大量的贮藏养分，造成树体营养水平过低，幼果发育得不到充足的营养供应，不但影响发育，而且还会加重落果。通常所说的“满树花半树果，半树花满树果”就是这个道理。开花量大时，疏花芽、疏花序、疏花蕾可提高坐果率和结果量。花期遭遇晚霜、冻害、沙尘暴及干旱等不良气候的影响也会影响幼果发育，引起落果，并造成减产；由于花器发育不全、低温多雨或授粉品种不足等原因造成授粉受精不良，也会导致坐果率降低。

苹果的落花落果一般有3～4次高峰：①落花。出现在开花后，子房尚未膨大时，此次落花的原因是花芽质量差，发育不良，花器官（胚珠、花粉、柱头）败育或生命力低，未完成授粉受精导致的。②落果。出现在落花后1～2周，主要原因是授粉受精不充分，子房内激素不足，不能调运足够的营养物质，子房停止生长而脱落。③六月落果。出现在落花后3～4周（在5月下旬至6月上旬）。主要原因是果实间、果实与新梢间营养竞争引起的。结果多，修剪太重，施氮肥过多，新梢旺长都会加重此次落果。④采前落果。某些品种在采果前1个月左右，随着果实的成熟，陆续脱落，出现“采前落果”。此次落果与品种有很大关系，主要是遗传原因引起的。如元帅、红星、津轻采前落果较重，而红富士采前落果不明显。

### （五）果实

苹果的果实一般呈近圆形、扁圆形、圆锥形，果实颜色有红色、绿色或黄绿色等。

苹果果实是由子房和花托发育而成的，果实的可食部分大部分由花托的皮层发育而来。苹果果实生长过程分为3个阶段：初始缓慢生长期，果实体积增大变化不明显；快速生长期，果实体积增大非常迅速；第二次缓慢生长期，果实体积增大缓慢，逐渐停止生长。果实在整个生长发育期只有一次快速生长。以果实的体积、鲜重、直径等作纵坐标，时间作横坐标绘制的曲线，称为果实累加生长曲线，苹果的累加生长曲线呈单S形。

果实的大小由构成果实的细胞数目、大小和细胞间隙所决定。细胞的多少主要取决于细胞分裂的次数。细胞分裂从开花前开始，一直延续到花后3～4周。果实发育初期，果实以纵向生长为主，果实呈长圆形。之后便开始了细胞体积和间隙的增大过程，果实横径迅速增长，由长圆形变为椭圆或近圆形。果实在年周期发育中，前期纵径的累积增长量大，中、后期横径的累积增长量大。为提高果形指数（果实纵径与横径之比）就应促进果实前期细胞分裂、纵向生长，而细胞分裂主要是依靠树体贮藏的养分。因此，加强果园综合管理，提高树体营养水平，特别是提高苹果树体贮藏营养，是提高果形指数的有效途径。结果枝类型、花芽质量也影响果形指数。短果枝结的果实果形指数一般较小，而中、长果枝结的果实果形指数较大。花芽饱满、质量好，将来结的果实果形指数也大。另外，果形指数也受到环境条件的影响。昼夜温差大的冷凉地区，果形偏长。果实生长的日周期变化表现为夜间增大、白天收缩的规律，果实的增大主要是两者的净增值导致的。过高的夜温会使果实呼吸强度增大，光合产物积累减少，影响果实的生长发育和品质形成，这是山区、高原和沿海地区苹果品质好于平原的重要原因之一。

构成果实品质的主要因素有果个、果形、果实色泽、风味和营养成分等。影响着色、风味和营养成分的主要因素除了品种的遗传特性外，还有树体的营养状况、生态环境条件和管理水平等。不同品种果实的色素种类和色素数量、风味特点和硬度差异首先是由品种的遗传特性决定的，同时，也受树体营养状况等的影响。健壮、稳定的树势，适宜的生长节奏，较高而均衡的营养供应水平，都能够促进着色，保持浓郁风味和增加果实硬度。良好的生态条件是影响果实品质的重要方面。充足的光照是提高光合效能，增加果实糖分，着色良好的基础。昼夜温差大，既有利于碳水化合物的积累，提高含糖量，又有利于果实着色，硬度增加。据研究，平均夜温低于 18℃时着色最好，当夜温接近 24℃时，则根本不能产生色素。良好的树体结构有利于光能的高效利用，增施有机肥可以保证树体营养的均衡，缓和树势，是提高果实品质的重要途径。

### （六）种子

种子的形成在苹果坐果和早期的果实发育中有着重要的作用，六月落果以后，种子对果实的发育即无影响。良好的授粉受精、种胚的形成和发育是坐果的基础。种子在形成和发育过程中产生的激素可以调运光合产物向幼果输送，促进果实发育，增强与新梢竞争营养的能力。一般种子少的幼果竞争能力差，易脱落，种子数目多的幼果具有形成大果的基础。种子在果实中的分布也影响果实的形状，没有种子的一面往往发育减缓，形成偏斜果。除此之外，过多的种子会产生大量的赤霉素等抑制花芽分化的激素，所以结果过多会导致花芽分化减少，影响第二年的产量，形成大小年。

## 三、苹果早果和优质丰产的树相指标

### （一）苹果早期丰产的基本原理

苹果栽植后结果较晚，特别是在生长比较旺的地区，往往适龄不结果，使果农迟迟得不到效益，这是长期以来苹果生产中存在的主要问题。近年来随着果树生产技术的发展，苹果早期丰产已有成熟的经验，很多地方已实现3年见花，4～5年丰产。影响苹果结果早晚的因素很多，除栽培技术外，生态条件也是一个重要因子。果园所处的生态条件，影响树体扩大的快慢、枝条生长期的长短与节奏，进而影响花芽形成。因此，栽培技术要根据当地的生态条件，因地制宜。我国主要苹果产区处在北温带，夏季高温、多雨，雨热同季，苹果枝梢生长旺，特别是6～7月份是苹果花芽分化时期，过旺的营养生长，会影响花芽分化的数量和质量。苹果栽培技术的一个重要任务是调整枝梢的生长节奏，从而调整各类枝条的比例，促进花芽分化。这一问题在土壤深厚、雨水丰沛、生长期长的地区尤为突出。山地果园温差大，土壤水分较少，枝条生长量小，树冠扩大慢，花芽形成比较容易，在管理上促进生长的措施更显得重要。

为了有目标的进行管理，可将幼树始果前后这一时期划分为3个阶段。不同阶段的要求不同，采用的栽培技术重点有所不同，达到一个阶段的目标后，即转入下一个阶段，技术的重点也随之转变。了解各阶段的特点可以使栽培技术目标明确，重点突出。现将各阶段的特点、任务和主要措施分述如下：

**1. 促冠增枝阶段**　苹果幼树结果是在一定的树冠大小和枝条数量的基础上进行的，尽早使树冠大小和枝量达到最初结果的指标，是幼树第一阶段的主要任务。在管理上，要在高标准建园的基础上，通过合理施肥、灌水、土壤改良措施为营养生长创造良好的条件。与此同时，对地上部分采用以增枝促生长为中心的修剪技术。幼树轻剪多留枝，多保留枝叶量，有利树干加粗、枝叶量增加和树冠不断扩大。增加枝量也可分为两个步骤，定植后1～2年的主要任务是增加长枝的数量，因为长枝上着生的侧芽数量大，只要采用适当提高萌芽率的方法，增加枝量的效果比较好。例如富士苹果1.5米长的长枝，可以萌发60个左右的枝条，而1米左右的长枝，发枝量则大幅度减少。因此，定植后最初1～2年应多短截，对缺枝部位进行目伤，促使局部旺长，形成较多的长枝。一般要求在1～2年内培养出8～10个长度在1米上下的长枝，即可进入第二个步骤，改变为以缓为主的修剪方法。第二步是以提高萌芽率为中心的修剪。当幼树的长枝数量达到预定指标后，即将60厘米以上的长枝，全部拿枝软化、插空拉平、甩放不截，早春萌发前进行多道环割或进行刻芽，促使侧芽萌发，形成大量叶丛枝和中、短枝，增加枝量，达到一定数量要求后，即转入第二个阶段。

**2. 缓和树势，调整枝类比，促进花芽形成阶段** 幼树生长旺，长枝比例高，对扩大树冠、增加枝量有利，但苹果幼树的花芽形成，要通过缓和树势，培养适于形成花芽的枝条类型，调整适于成花的枝类组成，并采用各种促花措施来实现。为此，需要了解该品种始果期花芽主要着生部位和枝类。以红富士苹果为例，3～5年生幼树结果时，其花芽着生在长枝缓放后，形成的一串中、短枝上。1～2年生培养出的长枝经缓放、拉平、软化、刻芽、环剥或其他措施，使其发生大量的中、短枝，并形成花芽。未形成花芽的中、短枝，第二年又容易形成具一串中、短枝的结果枝组。从全树来看，花芽着生在中外部较多，内部较少。短枝型品种，长枝缓放压平，即会发生一串短枝，第2～3年形成大量花芽，而且中心干上也能形成花芽。辽宁省果树研究所调查，红富士幼树开始大量结果时，长、中、短枝的比例为2∶1∶7为宜。这不仅是花芽着生适宜的枝条类型，同时，也反映了树势的变化，由旺长趋于缓和。对幼旺树来说，树势旺、长枝比例高是普遍现象，但进入结果前，则需要进行枝类的转化工作，减少长枝的比例，增加中、短枝的比例，并且减少新梢平均生长量，以缓和生长势。其主要方法是在冬季修剪时，轻修剪、少短截、少疏枝，在此基础上，春季对缓放的长枝刻芽、目伤或多道环割，促进芽的萌发，增加枝梢萌发量，并开张各类枝条的角度，减缓先端优势，使营养分散，从而减少长枝发生的比例。在树势缓和、枝类组成逐渐改变的情况下，通过对背上新生旺枝的扭梢或压平，枝条开张角度、拿枝软化和环状剥皮，配合施用多效唑等生长延缓剂等措施，促进花芽形成。

**3. 优质丰产、以果压冠阶段** 这阶段的主要任务是提高坐果率、保证产量、疏花、疏果、提高果品质量、保持树势中庸，继续促花使连年丰产，并以果实的负载量控制树冠的扩大。幼树形成的花芽，一般质量较差，而且树势不稳定，坐果率较低，要用人工授粉、放蜜蜂或壁蜂等方法改善授粉条件，疏花、花期喷硼及花期或花后环剥、环割等方法，改善营养条件，以增加坐果，保证产量。对密植果园，必须使幼树及时结果，用果实的营养消耗来控制树冠的扩大，有些果园，未能使幼树及时结果，会使树冠过大，早期交接，甚至全园郁闭，使密植栽培失败。

幼树虽然结果较少，但疏花、疏果、调整局部的果实分布、枝果比，并加强花果管理，提高果实质量也是非常重要的，不仅提高产品的市场竞争能力，而且使结果量适当，可以克服大小年。有些品种如富士，幼树结果后，仍需采用一定的促花措施，保证第二年有足够的花芽，这一点也不可忽视。

## （二）幼树早期丰产的树相指标

从上述苹果幼树早期丰产的基本原理来看，管好苹果树，应该根据苹果幼树的生长状况采取相应的技术措施，虽然一些措施是具普遍性的，但措施实施有“火候”究竟如何掌握，则需要一定的经验。例如幼树在结果前，有时需要“促”，促其生长，有时则需“控”，抑制其生长。什么时候促？什么时候控？促、控的程度往往不易掌握，其效果则不易达到最佳程度，这就给技术的普及和推广带来困难。应用一些生长、结果的形态指标，表示树的生长发育状况，用以作为判断技术措施的标准，使技术指标化、规范化，也容易学习和推广，这就是所谓“树相指标”。这些指标是总结了幼树早期丰产的典型经验，并在实践中反复验证，可以作为前述阶段的划分和栽培技术措施的依据。

全国红富士优质生产技术推广协作组，综合了各地的经验，于 1992 年 11 月提出如下树相指标：

**（1）树龄** 矮砧或短枝型 3～6 年生，乔砧树 5～8 年生。

**（2）亩产量** 300 千克～500 千克。

**（3）亩枝量** 1.5 万～3 万个。

**（4）亩花芽量** 1 800～3 000 个。

**（5）亩留果量** 1 600～2 800 个。

**（6）单果重** 200 克以上，一级果率占 80%以上。

**（7）果实质量** 果实着色度 70%以上，果实可溶性固形物含量 14%以上。

**（8）干周**（距地面 30 厘米处） 乔砧树 20 厘米以上，矮砧树 15 厘米以上。

**（9）新梢生长量**（指 15 厘米以上的新梢平均长度） 35 厘米左右。

**（10）枝类比** 长枝（16 厘米以上）、中枝（6～15 厘米）、短枝（5 厘米以下），比例为 2∶1∶7。其中优质短枝应占 60%～70%。

**（11）封顶枝**（新梢在 6 月底以前停止生长的枝） 占全树枝量的 80%。

**（12）枝果比**（当年生各类枝与果实数量比，新梢指有 5 片叶以上的枝） 为 5～6∶1。

**（13）花芽与叶芽比**（修剪前计算） 1∶3～4。

**(14)花芽分化率**（修剪前计算）　占全树总芽量的30%左右。

**(15)单叶面积**　30～38厘米$^2$。

**(16)叶色值**（按8级区分）　以5～5.5级为宜，叶片呈淡绿色。

**(17)叶片含氮量**(7月外围新梢中部叶片)　2.3%～2.5%。

在这一系列指标中，对从生长阶段向结果转化时期来说，产量、质量指标是这套指标的主要技术指标；干周、亩枝量、枝类比及新梢长度是最重要的生长指标，可以作为各阶段转化时的依据。在干周、亩枝量不足时，不可过早促花，应立足于促进生长，达到这个指标时，重点应放在枝类比的转化。若这4项指标均已达到，应考虑促花措施，使幼树及时结果。砧木、砧穗组合、栽培方式、自然和栽培条件不同，各个果园达到以上指标的早晚会有不同。栽培密度不同，指标也会有差异。如亩枝量与栽培密度有密切的关系，株行距3米×5米时，4～5年生可达2万～3万枝/亩，而株行距4米×6米时，则需推迟1～2年。干周20厘米是株行距为3米×5米的开始结果的生长指标。若干周已达到20厘米，花芽形成尚无把握，就应环剥、施用多效唑，而4米×6米的果园，应将这一指标提高一些，以免过早控冠，影响以后的覆盖率、亩枝量和产量。花芽率、花芽留量及果实平均重量等，是重要的结果指标，反映了适当的负载量。若花芽过多，就要通过修剪、疏花来调整，最后负载量是否恰当，可用果实大小来衡量。果实过小，在一定程度上反映了留果过多。当然，树势、肥水等条件也会对果实大小有影响，但直接影响果实大小的因素是结果量，在选择栽培技术措施时，应综合考虑。

### （三）红富士苹果成龄树高产、稳产、优质的树相指标

**1. 树相指标的意义**　苹果产量高低依赖单位面积枝叶量的多少，在一定范围内，产量与枝量呈正相关，也就是说留枝量愈多，产量愈高。但是，枝量过多，枝叶相互遮阳，使部分叶片处

在低光照条件下，光合效率差，营养积累不够，影响花芽分化，减少产量。光照不足同样影响果实发育、糖的积累和果面着色，降低品质。因此，枝叶留量必须适当，同时枝叶分布也很重要，要通过整形、修剪培养和维持合理的群体结构和树体结构，两行树的树冠有足够的间距，树冠叶幕呈层状分布，以解决树冠内部的通风透光问题。常用树冠覆盖率、叶面积系数、枝条数量等指标来衡量。苹果产量的稳定和品质的提高，还要培养中庸、健壮的树势，形态特征表现在枝类组成、新梢生长量、叶片大小和颜色等指标上。长枝占总枝量的比例不宜超过20%，过高长枝比例和过长的新梢生长量，说明新梢生长期过长，停止生长过晚，营养积累不足，影响花芽分化的数量和质量。连年丰产也是以树体营养积累为基础的，单位面积花芽数量、花芽分化率、花叶芽比例、单位面积留果量、枝果比等指标，说明果实负载量、营养生长和生殖生长的关系。只有当年产量不超过树体负载能力，树体有充足的营养积累，才能使树体健壮，持续丰产。当年果实显著小于往年，有可能是因为当年留果过多，诱发大小年现象的发生。

**2. 富士苹果成龄树高产、稳产、优质的树相指标**

**（1）亩产量** 2 000～2 500千克，株行距为4米×6米时，单株平均产量72～90千克，株行距为3米×5米时，单株平均产量为45～56.3千克。

**（2）亩枝芽量** 5万～9万，每立方米需枝量40～60个。

**（3）亩花芽量** 1.2万～1.5万个。

**（4）亩留果量** 1.0万～1.3万个。

**（5）单果重** 200克以上，一级果率占80%以上。

**（6）果实质量** 果实着色度80%以上，果实可溶性固形物含量14%以上。

**（7）树冠体积** 每亩1 200～1 500米$^3$。

**（8）树冠覆盖率** 60%～80%。

**（9）叶面积系数**　3～5。

**（10）新梢生长量**　25～30 厘米。

**（11）枝类**　长枝（16 厘米以上）占 20%左右，中、短枝（16 厘米以下）占 80%左右。

**（12）果台副梢**　结果果台能抽生 1 个长约 10 厘米以下的果台枝。

**（13）花芽与叶芽比**　1∶3～4。

**（14）花芽分化率**　花芽占总枝芽量 30%左右。

**（15）枝果比**　5～6∶1。

**（16）封顶枝**　6 月末以前有 70%～80%的枝停止生长。

**（17）单叶面积**　30～38 厘米$^2$。

**（18）叶片及枝条颜色**　叶色——绿色稍淡，枝表皮色——粗枝表皮出现红褐色及灰褐色。

**（19）落叶**　在采收后，叶色变黄，落叶一致。

**（20）叶片含氮量**　2.3%～2.5%。

### （四）树相诊断

以上是富士苹果丰产、优质的树相指标，是综合各个苹果产区的经验得出的。具体应用依不同地区、不同砧穗组合、不同生态条件和栽培条件，树体生长势和花芽分化能力都有差距，应用时有一定的灵活性。例如，矮化砧和乔化砧苹果的生长势和花芽分化难易不同，应有不同的指标。

目前苹果质量比较差，为了增加着色，果实套袋已成为生产优质果的常规技术。在日本苹果套袋已近 30 年，近年来已逐步推广“无袋栽培”。如若富士苹果不套袋，也能生产着色优良的果实，要有一套新的技术，为此，日本果农在果实套袋时期，要对树体表现，作一评判，即进行树相诊断。重点在与果实质量有密切关系的树相因素。主要有叶色、叶中氮含量、新梢长度以及新梢停长率等。据木户启二（1985）研究，富士的叶色从 5 月下旬至6月上旬逐渐变浓，其后稳定下来，至7月下旬再度变浓，一直维持到9月下旬几乎无变化，9月下旬以后，叶色进一步变浓，直至落叶。因此认为，6月下旬是叶色诊断的最适宜时期。长野果树试验场（1987）研究认为，6月下旬叶色指数与叶片中的含氮量，有极为密切的正相关关系，与果实着色指数及底色指数之间，有极显著负相关。因此，把叶色调整在适宜的叶色指数之内，对提高富士的果实品质，具有重要的意义。

日本进行叶色诊断的具体方法：将叶色由黄绿到深绿分作8级。富士的叶片在1～4级者，叶片含氮量在2.2%以下；5～6级者叶片含氮量为2.5%～2.6%；7～8级者，叶片含氮量大于2.6%。一般认为5～6级时，是高产叶相，理想树势。供作叶相诊断的叶片，是树冠外围眼高处，中庸新梢的中部叶片。观察叶色时，要避开直射阳光，按日本农林水产省制的色卡定级。

6月中、下旬新梢生长长度和新梢停长率，对富士的果实品质也有重要影响。据长野县果树试验场（1987）研究，6月中旬富士的新梢长度与单果重之间，有极显著的正相关关系，但新梢长度与果实含糖量之间，却表现为极显著的负相关关系。新梢诊断时，由树冠外围同眼高的部位，每树选择20条新梢，测定其平均长度，计算已形成顶芽的停长梢比例，以新梢停长率表示。

综合日本各地的研究结果，富士苹果6月下旬到7月上旬，适宜的叶色指数为5左右，叶片含氮量2.4%～2.5%，新梢平均长度20～30厘米，新梢停长率为80%左右。根据诊断结果，如果基本相符，则不必套袋，亦能获得优质果；若树势过旺，诊断结果的指标大于上述标准，则应控制氮肥施用，并进行果实套袋及进行夏季修剪；若树势偏弱，诊断结果的指标低于上述标准，则应加重疏果，增施氮肥。我国各苹果栽培区气候条件差异很大，随着生产的发展、技术的进步，各地可以根据经验，制定自己的标准，以作为生产的指导。

## 四、对环境条件的要求

苹果的正常生长发育都是在一定的环境条件下完成的。适宜的环境条件是苹果优质、丰产的重要保证。这些环境条件主要包括气候条件、土壤条件、地势条件等。

### (一) 温度

气温是影响苹果生长发育的重要生态条件之一。它决定了苹果是否能够生存和正常生长发育，也是影响果实品质的一个重要因素。总起来讲，苹果喜欢冷凉气候。

**1. 年平均气温**　从世界苹果产区的分布来看，集中在南北半球的温带地区，年平均气温在7～13.5℃之间。我国苹果适宜区年平均气温在8.0～14℃之间，最佳适宜区为8.5～12℃之间。

**2. 冬季气温**　冬季气温决定了苹果能否通过休眠和安全越冬。苹果是北方落叶果树，冬季需要休眠，只有正常通过休眠，第二年春季才能正常生长发育。休眠期要求一定的低温，并持续一定时间才能度过休眠。但温度太低容易造成越冬伤害甚至死亡；而温度过高或低温持续时间太短满足不了苹果休眠的需冷量。一般冬季最冷月（1月份）平均气温不低于－14℃，也不高于7℃，极端低温－27℃以上为合适，低于－30℃时会发生严重冻害，－35℃即冻死，但小苹果可以忍耐－40℃低温。

**3. 生长期气温**　从萌芽到落叶为苹果生长期。这一时期的温度对苹果生长发育有着明显的影响。一般平均气温应达到13.5～18.5℃。在生长期内，不同时期对温度的要求有所不同。春季日夜平均温度3℃以上时，地上部开始活动，8℃左右开始生长，15℃以上生长最活跃；开花期适温为15～25℃，气温过低，易使苹果花果受冻。受冻的临界气温芽萌动－8℃（持续6小时以上），花芽受冻；花蕾期遇－2.8～－4℃，花蕾受冻；开花期－1.7～2.2℃，雌蕊受冻；幼果期－1.1～2.5℃，幼果受冻。受冻的幼果表现为萼片周围出现程度不同的木栓化组织，即“霜环”。另外，花期气温过低，影响传粉昆虫活动，如蜜蜂在14℃以下几乎不活动，影响授粉坐果。气温过高，花期缩短，花粉败育比例提高，雌蕊柱头分泌物和水分蒸发快导致授粉不良，坐果率降低。6～9月份平均气温宜在16～24℃之间。花芽分化期日平均温度在20～27℃之间，有利于花芽分化，日温差越大，花芽形成率越高。

夏、秋季温度与果实生长和品质形成有密切关系。据研究，果实发育以25℃上下最为适宜，过高、过低都会影响果实生长。夏、秋季昼夜温差越大，果实增长越快，着色越好，含糖量越高，风味越浓郁。温度过高，味淡、着色差。因此，优质苹果生产基地夏季温度较低，6～8月份平均气温在18～22℃之间，相对湿度为60%～70%，成熟前30～35天日温差大于10℃以上，夜间低于18℃最为适宜，大于35℃的高温日数不超过5天为最好。另外，高温还会引起果实的日灼和果面伤害，影响果实的质量。

### （二）降水

苹果喜欢较干燥气候，适宜年降水量560～800毫米，土壤水分达到田间最大持水量的60%～80%较为适宜。雨量过多（1 000毫米以上），特别是高温、多雨的情况下，常表现为生长过旺，发生裂果，品质下降，病虫滋生；雨量过少（500毫米以下），则必须进行灌溉，以满足树体对水分的需要。根据对苹果树蒸发量的测定计算，生长期中每亩苹果园约需要水120吨，折合降水量为180毫米，但实际上只有1/3左右的自然降水能为苹果树所利用。为此，苹果生长期中约需540毫米以上的降水量，且分布比较均匀。而在北方广大苹果产区，年降水量虽够，但分布不均匀，70%～80%的降水集中在7～8月，春季降水不足，因此需要有灌溉条件。

苹果在不同发育时期对水分的需求存在差异。早春低温、干旱，容易引起“抽条”。生长前期土壤墒情较差，降水不足时应及时灌溉，否则果树生长势弱，坐果率低，幼果发育受阻。但降水过多，反而不利于坐果，阴雨、低温对幼果发育也不利，病害较多。花芽分化期降水适中偏旱，有利花芽分化；降水偏多，春梢停长延迟，不利花芽分化。后期水量宜适中。降水过多，光照不足，果实着色差，含糖低，品质劣，不耐贮运；降水过少，土壤干旱，果实膨大受阻，着色也差，风味品质也欠佳。另外，果实发育后期水分过多，尤其是在前期干旱，后期突然水分过多，即土壤水分忽多忽少，容易导致苹果的裂果。

### （三）光照

苹果是喜光果树，日照率要求在 50%以上，年日照时数不低于 2 000～2 500 小时，8～9 月份不能少于 300 小时，树冠内自然光入射率应在 50%以上，透光率 20%左右。另外，不同波长的光线对苹果的光合作用和生长发育具有不同的功能，特别是对果实品质有重要的影响。通常，波长 380～710 纳米的光是太阳辐射光谱中具有生理活性的波段，称为光合有效辐射。其中远红光有利糖类的合成、促进影响生长与新梢节间伸长；蓝光有助于蛋白质和有机酸形成；短波的紫外光与青光对节间伸长有抑制作用，使树体矮小、侧枝增多，且可促进花芽分化，还有助于色素的形成，使红色果实的色泽更加艳丽。因此，高海拔地区、晴天有助于改善果实品质。

一般来讲，日照时数多、光照强、光质好，苹果树长势缓，易成花，坐果多，果实发育、着色均好，含糖量高，风味浓，硬度大，耐贮运。日照不足，易引起枝叶徒长，抗病虫力低，有机营养制造贮存少，花芽分化少，不利于果实着色，含糖量也低，品质差。整形修剪的重要目的之一就是通过群体结构和个体结构的调整，使光能的利用达到最佳状态。

## （四）土壤

土壤是苹果正常生长发育的重要物质基础，良好的土壤条件可以满足苹果对水、肥、气、热的要求。土层深厚，排水良好，酸碱度适宜，保肥、保水能力强，有机质丰富，是栽植苹果的理想土壤。实际生产中，多数苹果园不能完全满足上述要求，但也能生长良好。苹果树大根深，一般要求土层深度 1 米以上，地下水位在 1～1.5 米以下，土壤含有机质 1.5%以上，土壤氧气浓度为 10%～15%，酸碱度（pH）5.4～6.8，总盐量低于 0.28%，土壤质地以砂壤土为最佳。土壤 pH 低于 4.0 生长不良，大于 7.8 易出现失绿现象。

土层深厚、土质肥沃有利于根系的生长，使树体在养分、水分各方面都得到良好的供应。土层过浅，或地下水位过高，苹果树生长发育不良。而土壤过黏，特别是心土黏重紧实，孔隙度小，透气性差，不利果树根系的生长，表现为树势弱，产量低，品质差，病虫害严重，建园时应尽量避免或必须进行改良。在土层不足 70 厘米的山地建园时，必须通过放树窝子扩穴，使土层深度达到 0.8～1 米。在深层为片麻岩的地方，由于其易风化，建园时其土层深度可降低要求。

# 第三章　苹果园冬季管理
## （12月至翌年2月）

## 一、冬季整形修剪

### （一）整形修剪的目的和意义

**1. 整形的目的和意义**　苹果树整形是通过修剪技术，将树冠建造成并维持一定的形状，以获得合理的树体结构和群体结构。具体的内容是合理地安排骨干枝的数量、大小、密度、级次和分布，保持树体具有与其砧穗组合、栽植密度、生态条件相适应的树体高度和枝展，使相邻两行和两株树冠之间有合理的间隔距离。合理的整形可以：①维持单位面积内合理的枝条数量和组成，使其能够充分利用光能，及早结果，并获得高额产量；②保持良好的通风透光条件，使树冠各部分、各类枝条均能获得充分的光照，有利于花芽分化和提高果实质量；③便于树体管理和田间操作，减少用工；④当群体结构和树体结构出现问题时，还要通过整形技术，加以解决。

**2. 修剪的目的和意义**　修剪是通过各种措施，控制果树枝梢和根系的长势、方位、数量，完成整形任务，以建造和维持合理的树形和树体结构，调节树冠内枝条间和各器官间的相互关系，以便协调果树的生长与结果、衰老与更新、个体与群体、果树与环境的关系，使果树生长健壮，维持合理的枝叶量和生长势，树冠内通风透光良好，以便早果、丰产、改善果实质量、管理方便、减少消耗、降低成本，并且防止早衰、延长经济寿命等。修剪需要依据树种、品种特性、栽培方式和当地的自然条件特点，以及果树本身的生长、结果状况、存在的问题等采取适宜的技术，并要与其他栽培技术配合，才会有理想的效果。

## （二）主要修剪方法及作用

苹果树修剪的基本方法包括短截、长放、缩剪、疏剪、曲枝、刻伤、摘心、扭梢、拿枝、拉枝、支撑、环状剥皮等多种方法。了解不同修剪方法及作用特点，是正确采用修剪技术的前提。

### 1. 苹果树修剪的基本剪法

**（1）短截** 剪去一年生枝梢的一部分的措施称为短截。短截可促进剪口下芽萌发生长，提高成枝力，增加长枝的比例，其反应随短截程度和剪口附近芽的质量不同而异。如苹果树在春、秋梢饱满芽处剪截，发生长枝最多，其生长量也最大，而且有利于控制枝条发生的部位，常用于大冠形整形中，培养健壮的骨干枝；若在秋梢先端或春秋梢交界处短截，则可减缓先端优势，发生长枝的数量减少，短枝的比例增加，有利于缓和枝条生长势，促进花芽分化；在枝条基部重短截，会发生少量旺枝。短截对其母枝有削弱作用，短截越重，削弱作用越大。由于苹果树以中、短枝顶花芽结果为主，所以应用短截数量应少、程度应轻。

**（2）长放** 一年生长枝不短截，亦称甩放、缓放，常用于小冠形整枝中。不同类型枝条的长放效果有所不同。如中庸枝、斜生枝和水平枝长放，由于母枝生长势缓和、留芽数量多，易发生较多中、短枝，生长后期积累较多养分，能促进花芽形成和结果。背上强壮直立枝长放，顶端优势强，母枝增粗快，易发生“树上长树”现象，因此，不宜长放，如要长放，必须配合曲枝、拉枝、拿枝软化等措施控制生长势。

**（3）缩剪** 剪去多年生枝的一部分，亦称回缩。缩剪对剪口后部的枝条生长和潜伏芽的萌发有促进作用。对母枝则起到较强的削弱作用。其具体反应与缩剪程度、留枝强弱、伤口大小有关。如缩剪时留强枝，伤口较小，缩剪适度，可促进剪口后部枝芽生长，起到更新作用，常用于骨干枝、枝组或老树复壮更新上；剪口留弱枝，回缩过重有时会抑制生长。常用于骨干枝的控制、相互间的均衡调节或结果枝组培养等。

**（4）疏剪**　将枝梢从基部疏去，亦称疏枝。疏枝可减少分枝，降低枝条密度，改善树冠内部通风透光条件，有利花芽分化、提高果品质量、减缓结果部位外移。疏剪对枝条生长势的影响，因具体方法而异。疏剪减少了母枝上的枝条数量，对母枝有较强的削弱作用，如果疏除的为结果枝或无效枝，反而可以加强整体和母枝的生长势。疏剪对伤口上部枝芽生长势有削弱作用，而对下部枝芽则有促进作用，疏剪枝越粗，距伤口越近，作用越明显。

**（5）曲枝**　改变枝梢方向和角度的措施。把直立枝拉平、下弯或圈枝，能削弱枝条的顶端优势，提高萌芽率，有利减缓生长、花芽形成和结果。曲枝可开张骨干枝角度，能使一些直立枝、竞争枝免于疏除，变废为宝。

**（6）刻伤和多道环刻**　春季芽萌发前后在芽的上方，用刀或用小锯横切皮层达木质部，叫刻伤或目伤。可阻碍顶端生长素向下运输，能促进切口下的芽萌发和新梢的生长。

多道环刻是在枝条上，每隔一定距离，用刀或剪环切一周，深达木质部，能显著提高萌芽率。单芽刻伤多用于缺枝部位；而多芽刻伤和多道环刻，主要用于轻剪、长放枝上，以缓和枝势、增加枝量。

**（7）摘心**　夏季摘除新梢幼嫩的梢尖，可削弱顶端生长，促进侧芽萌发和二次枝生长，增加分枝数。苹果幼树，对直立枝、竞争枝长到15～20厘米时摘心，以后可连续摘2～3次，从而能提高分枝级数，促进花芽形成，有利提早结果。幼旺树果台副梢摘心，可提高坐果率。秋季对将要停长的新梢摘心，可促进枝芽充实，有利幼树越冬。

**（8）扭梢**　5月上、中旬新梢基部处于半木质化时，将新梢基部扭转 180°，使木质部和韧皮部受伤而不折断，新梢呈扭曲状态，可控制背上枝旺长和促进花芽形成。扭梢枝缓放可形成小型结果枝组，有利早结果。但这些枝组处于背上，过多时不好处理，可以在扭梢技术上加以改进。即将扭梢时间提前 5～7 天，也就是新梢半木质化的部位更低一些，这时将新梢基部扭伤，向一侧压平，这样处理的枝条，秋季形成一个中庸枝，可以作为侧生分枝留下，这样背上枝就改造成有用的侧生枝。

**（9）拿枝** 亦称捋枝。在新梢生长期用手从基部到顶部逐步使其弯曲，伤及木质部，响而不折。在苹果春梢停长时拿枝，有利旺梢停长和减弱秋梢生长势，有利形成花芽。秋梢开始生长时拿枝，可以减弱秋梢生长，形成少量副梢和腋花芽。秋梢停长后拿枝，能显著提高次年萌芽率。

**（10）环状剥皮** 简称环剥。即将枝干韧皮部剥去一圈。环割、环状倒贴皮、大扒皮等都属于这一类，只是方法和作用程度有差别。绞缢也有类似作用。

环剥暂时中断了有机物质向下运输和内源激素上下的交流，促进剥口以上部位碳水化合物的积累，同时，也抑制根系的生长，降低根系的吸收功能。因此，环剥具有抑制营养生长、促进花芽分化和提高坐果率的作用。富士苹果生长较旺，花芽形成困难，应用环剥技术比较多。操作时应注意以下几点：

①环剥时间。与环剥目的有关。为促进花芽分化，宜在花芽分化前进行；提高坐果率宜在花期前后进行。

②环剥宽度与深度。适宜的宽度，以剥后 20 天左右能愈合为宜。环剥过宽长期不能愈合，抑制营养生长过重，甚至造成枝梢或植株死亡。环剥过窄，愈合过早，不能充分达到目的，一般为枝直径的 1/10～1/8。环剥适宜深度为切至木质部。切的过深，伤及木质部，会严重抑制生长，甚至使环剥枝梢死亡；过浅，韧皮部有残留，效果不明显。对环剥敏感的品种，可采用绞缢、多道环割，也可采用留安全带的环剥法，即留下约 10%部

分不剥。环剥应在生长偏旺的树上应用，弱树营养积累不足，环剥后会引起树势衰弱，加重枝干病害。为防止病虫对切口的为害和促进剥口愈合，可用塑料薄膜或纸进行包扎。此外，有些品种如红星，环剥后出现严重的不良反应，应慎重。

**2. 修剪技术的综合运用**　苹果修剪的方法很多，在实际应用中，根据修剪的目的，综合应用一种或几种方法。

**（1）调节枝条生长势**　通过不同修剪方法、修剪强度、留枝的数量和类型、枝的开张角度等措施，可加强或抑制某些枝梢生长。促进局部生长，增强枝条生长势的措施：中度短截，剪口留饱满芽；保持枝干直线延伸，少弯曲；保持较直立的开张角度；中度回缩，去弱留强，去平留直；疏除弱枝，过密枝，少留果枝，顶端不留果枝等。减缓枝梢生长势的措施有：轻短截，少短截，剪口留不饱满芽、瘪芽，在春、秋梢交界的盲节处短截，甚至长放不短截。疏剪时，去强枝，留弱枝，去直立枝留平斜枝，多留结果枝。拉枝开角，保持枝干有较大的开张角度，甚至下垂；保持枝干弯曲生长，通过扭梢、拿枝、环割等措施损伤枝梢局部组织等。此外，还要考虑局部与整体的关系。加强某一局部的生长时，可能削弱树体其他部分的生长；减弱局部生长时，则可加强树体其他部分生长，如控上以促下，抑前促后，控制强主枝，可以促进弱主枝生长等。

**（2）调节枝条角度**　枝条角度与其生长势密切相关。调节枝条角度是修剪中常用的措施。轻剪缓放，枝条生长缓和，枝条比较开张。短截不仅促进枝条加长生长，而且枝条角度较小，短截愈重，角度愈小。在短截的情况下，不同位置的分枝，其角度亦有不同。剪口下第一、二枝，角度最小，常为竞争枝，一般不作主枝。往下发生的枝，基部开张角度较好，适于选留主枝。短截时剪口的位置，对发枝角度也有影响。一般剪在向外芽的前面，即剪口留外芽，以便发出角度较好的新梢。但是，枝条比较直立时，留外芽修剪，新枝仍然直立，可以在所需留枝方向上面，多留1～2个芽剪截，翌年第2～3芽能发出角度比较好的新梢，冬剪时进行回缩，即所谓“里芽外蹬”。

通过拉枝、支撑、坠枝、扭梢、曲枝等外力，改变枝梢角度，是比较简单有效的措施，在生长季进行效果更佳，但一次不能达到满意的效果，需要重复多次。

**（3）调节枝量** 在比较好的肥水条件下，修剪时尽量保留已抽生的枝梢，夏季摘心，芽上环割、刻伤、曲枝、扭枝等措施，可以提高萌芽率，增加发枝数量。短截虽减少了芽数，不能直接增加枝量，但可以促发长枝，增加了新梢上的芽数，翌年缓放，可以增加更多的枝量。疏枝、疏梢则减少枝量。

**（4）调节花芽量** 修剪调节花芽形成的途径主要在于调节枝梢停止生长期、改善光照和增加营养积累，花芽形成后，通过剪留结果枝和花芽来调节。幼树要在保证壮旺生长和必要的枝叶量的基础上采取轻剪、长放、疏剪、拉枝、扭梢、应用生长调节剂等措施，以缓和生长势和及时停止生长，促进花芽分化。必要时也可采用环剥、环割、扭梢、摘心等措施，使所处理的枝梢在花芽分化期增加有机营养积累，促进花芽形成。郁闭果园和枝梢过密树，要通过改形、疏枝、开张角度，以改善光照，增加营养积累，促进花芽分化。

### （三）常用树形及树体结构

苹果生产上应用的树形很多，依据不同的砧穗组合、自然和栽培条件、栽植密度、控冠技术等因素，形成不同的生长势和最终的树体大小，进而选用相应的树形和整形方法。乔砧稀植树冠大，宜采用少主枝、多级次、骨干枝牢固的基部三主枝自然半圆形、主干疏层形、自然半圆形；乔砧密植形成中冠形，适宜小冠疏层形、小冠开心形、自由纺锤形等。矮砧密植果园树冠小，宜选用狭长、紧凑的树形如圆柱形、细长纺锤形。生产上常用的树形的基本结构与适用范围见表3-1。

**表3-1　苹果主要树形基本结构及适用范围比较**

<table>
<tr><th rowspan="2">树　　形</th><th rowspan="2">主枝</th><th colspan="4">主枝或分枝</th><th rowspan="2">侧枝</th><th rowspan="2">生长势</th><th rowspan="2">砧　木</th><th rowspan="2">品　种</th><th rowspan="2">栽植距离<br>（行距×株距）<br>（米）</th></tr>
<tr><th>数量</th><th>长度（米）</th><th>角度（°）</th><th>枝干比</th></tr>
<tr><td>圆柱形</td><td>无</td><td>30～40</td><td>0.7～1.2</td><td>80～120</td><td>1∶5</td><td>无</td><td>矮化</td><td>矮化砧</td><td>短枝型</td><td>3×1.5～2</td></tr>
<tr><td>细长纺锤形</td><td>小</td><td>15～20</td><td>1～1.2</td><td>80～110</td><td>1∶3</td><td>无</td><td>矮化</td><td>矮化砧</td><td>普通</td><td>4×2</td></tr>
<tr><td rowspan="2">自由纺锤形</td><td rowspan="2">中</td><td rowspan="2">8～10</td><td rowspan="2">1.5</td><td rowspan="2">70～90</td><td rowspan="2">1∶2</td><td rowspan="2">无</td><td rowspan="2">半矮化</td><td>半矮化砧</td><td>普通</td><td rowspan="2">4×3</td></tr>
<tr><td>乔化砧</td><td>短枝型</td></tr>
<tr><td rowspan="2">小冠疏层形</td><td rowspan="2">大</td><td rowspan="2">5～6</td><td rowspan="2">2.5～3</td><td rowspan="2">60～80</td><td rowspan="2">1∶1.5</td><td rowspan="2">有</td><td>半矮化</td><td>半矮化砧</td><td rowspan="2">普通</td><td rowspan="2">5×3</td></tr>
<tr><td>乔化</td><td>乔化砧</td></tr>
<tr><td>小冠开心形</td><td>大</td><td>3～5</td><td>2.5～3</td><td>60～80</td><td>1∶1.5</td><td>有</td><td>乔化</td><td>乔化砧</td><td>普通</td><td>5×3</td></tr>
<tr><td>基部三<br>主枝自然<br>半圆形</td><td>大</td><td>5～6</td><td>3～4</td><td>60～80</td><td>1∶1.5</td><td>有</td><td>乔化</td><td>乔化砧</td><td>普通</td><td>6～7×4～5</td></tr>
</table>

**1. 基部三主枝自然半圆形** 这是稀植大冠果园的基本树形，与其相近的有主干疏层形、双层五主枝自然半圆形等。其特点是中心主干，主枝分层排列，着重培养基部3个大主枝，其枝叶量和结果量占全树的60%～70%，形成下大上小的半圆形树冠。

树体结构为干高50～70厘米，全树5～7个主枝，分2～4层，多为2～3层。各层主枝由下而上的数目为3—2—1—1。第一层主枝基角50°～60°，腰角70°～80°，梢角60°左右，第二层以上角度渐小，但不小于45°；第一层层内距20～40厘米，每个主枝上着生2～3个侧枝；第二层主枝与第一层主枝插空排列，层间距100厘米左右，着生1～2个侧枝；第三层主枝1个，与第二层的层间距60～70厘米，侧枝可有可无。幼树培养强健的中心干，盛果期在最上层主枝形成后落头开心，树冠高度一般控制在3.5～4米（图3-1）。

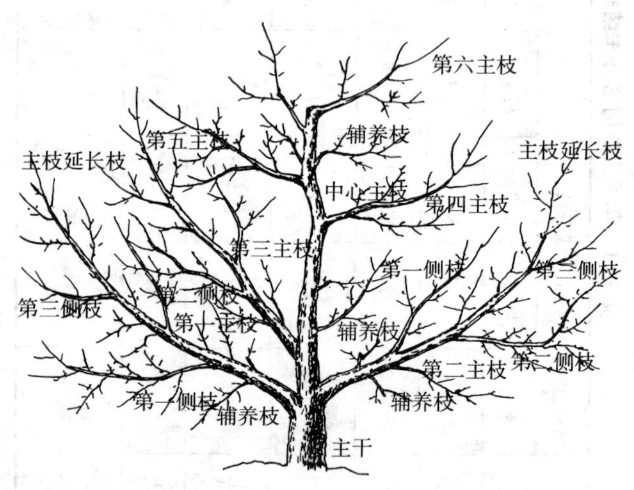


图3-1 基部三主枝自然半圆形

**2. 小冠疏层形** 在密植条件下，对主干疏层形的压缩和改进，减少了骨干枝的数量、层间距离和级次，控制树冠大小，以适用短枝型、半矮化砧或生长量较小地区中等密度苹果栽培。

树体结构有中心干，直立或弯曲延伸，干高 50 厘米左右，全树 5～6 个主枝，分 2～3 层排列，方式为 3—1～2—1，第一、二层层间距为 70～80 厘米，第二、三层层间距为 50～60 厘米；第一层 3 个主枝均匀分布，邻近或邻接，层内距 20～30 厘米，主枝基角 60°～70°，每个主枝上着生 1～2 个侧枝，第一侧距主干 50 厘米左右，第二侧距第一侧 40～50 厘米；第二层留 2～3 个主枝，与第一层主枝插空安排，不留侧枝，直接着生结果枝组。树高 3.5 米左右，冠径 2.5 米左右。上层主枝枝展不大于下层主枝枝展的 1/2，以利改善树冠内膛的光照（图 3 - 2）。

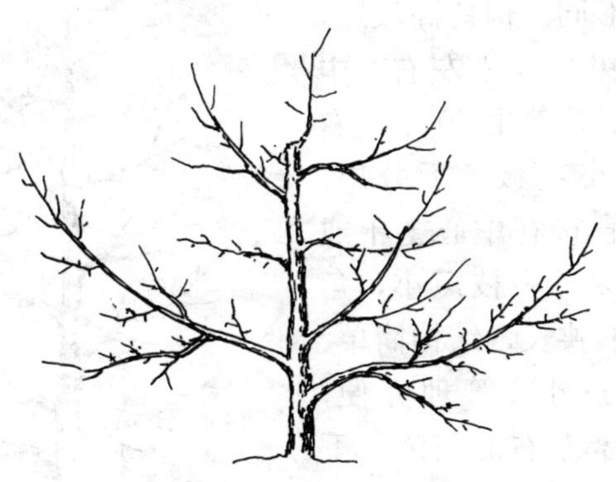

图 3 - 2　小冠疏层形

**3. 自由纺锤形**　适于密植的树形，是目前短枝型和半矮化砧苹果树应用的主要树形。中心主干强健，着生多个小型主枝，开张角度大，不分层，主枝上不留侧枝，单轴延伸，结果枝和结果枝组着生在中心主枝和主枝上，树冠狭长，上小下大，外形因呈纺锤状而得名。修剪量轻，枝条级次少，整形容易，成形和结果早，产量高。

树体结构为干高 50～70 厘米，树高 3～3.5 米，中心干直立。中心干上着生 8～10 个主枝，主枝长 1.5～2 米，分层或不分层，下部主枝稍大，向上依次递减。同侧主枝上下间距不小于 60 厘米，互相插空生长。主枝上不着生侧枝，直接着生结果枝或结果枝组。主枝开张角度70°～90°，上部主枝角度可稍小。自由纺锤形整形容易、树体结构简化，骨干枝级次少，结果枝和结果枝组直接着生在中心主枝和主枝上，修剪量轻，留枝早，枝量增加快，结果早，早期产量高。适宜短枝红星、半矮化砧富士中等密度的果园。乔化砧富士生长势强，树冠不易有效控制在有效营养面积内，在3米×3～5米的果园，5～6年生时，产量高、质量好，10年生以后，则易树冠交接，形成果园郁闭，出现问题时需要进行树形改造（图3-3）。

**4. 细长纺锤形** 基本结构与自由纺锤形同。但树高较矮，主枝较小。树高3米左右，中心干直立强健，着生20个左右分枝，或称小主枝。不分层，不留侧枝，直接在中心主干或小主枝上结果。主枝短小，角度开张，树形狭长，结构简单、紧凑，修剪量小，管理方便，行间留有1米左右的间隔。下部3～5个小主枝近于水平，长度不超过1.5米，分枝基部粗度小于母枝的1/3，即枝干比为1∶3，上部分枝更小，而在中心干和大分枝上培养水平结果枝组。适用于1.5～2.0米×3.0～4.0米的矮化砧苹果密植栽培，亦可培养成篱壁式果园（图3-4）。

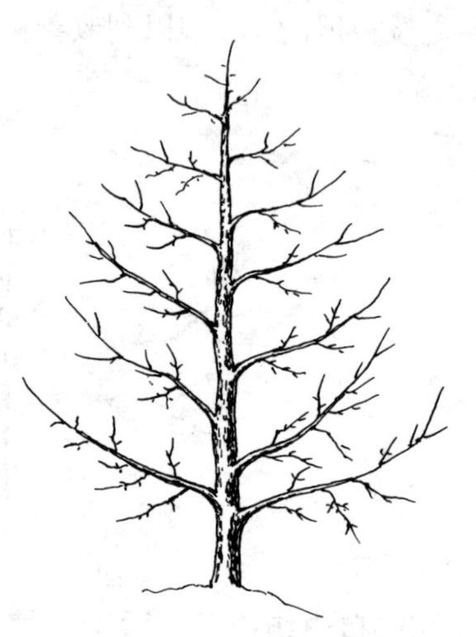

图3-3 自由纺锤形

**5. 圆柱形** 有中心干树冠形状呈圆柱形，比细长纺锤形更瘦长的树形。中心干直立，无主枝，中心干上直接着生结果枝组。各类枝组均匀分布于中心干上，不分层，树高2.5～3米，冠径2米左右。与细长纺锤形相比，基本结构相似，但中心干上的分枝数更多，更小，更短。该形结构简单，透光良好，适用于矮化砧、高密度栽培，所结果实品质优良，亦可培养成篱壁式果园（图 3-5）。

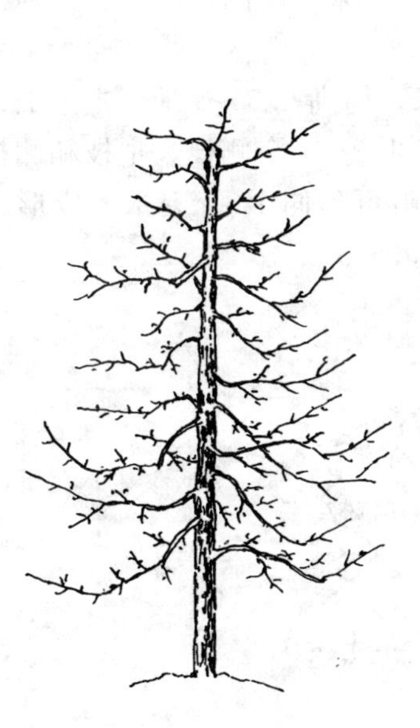

图 3-4　细长纺锤形

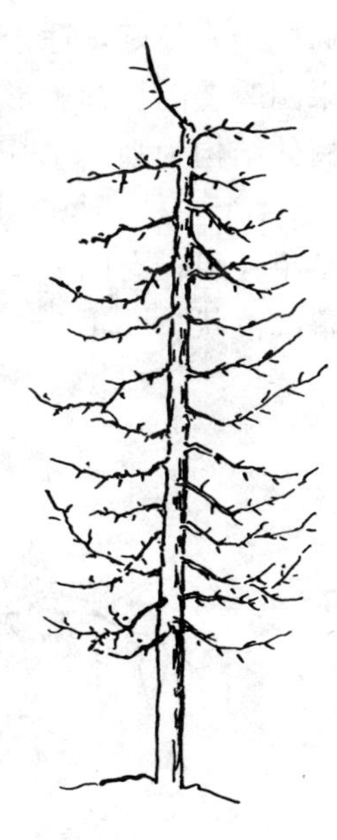

图 3-5　圆柱形

**6. Y 字形**　适于密植的一种无中心干的整形方式。干高30～50 厘米，全树只有两个主枝，伸向行间，主枝间夹角 45°～60°，亦可将主枝理解为两个细长纺锤形或圆柱形，其上配置大、中型结果枝组，树高 2.5～3 米。该树形树冠透光均匀，果实分布合理，利于优质、丰产。适于小株距，大行距的高密度的矮化砧苹果栽培（参见图版）。

矮砧苹果宽行高密植果园，亦可采用 V 形架篱壁栽培，顺行向设立两个架，上部向行间倾斜，夹角 50°～60°左右，形成 V 字形架面，架高 2 米左右，苹果树栽在行上，将树分别向行间拉斜，绑在 V 形架面上，每一单株按细长纺锤形或圆柱形整枝，分枝亦引缚于 V 形架面上（参见图版）。

**7. 小冠开心形** 又称高干开心形。在日本大冠开心形基础上，试验推广的树形。其特点是干较高、骨干枝较少、叶幕层较薄，通风透光较好，适于中等密度苹果栽培的树形。也作为密植郁闭果园改造的目标树形之一。

树体结构为高干 1.0～1.5 米，树高 2.5～3 米，主干上最终保留 3～4 个主枝，每一主枝上着生 2～3 个侧枝，主枝和侧枝上着生结果枝组，有的下垂结果枝组可延伸 1～1.5 米。成形后树冠叶幕波浪状，厚 1.5～2 米（图 3-6）。

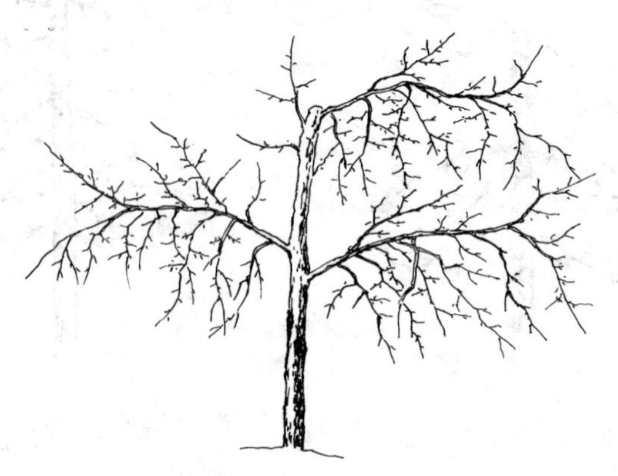

图 3-6 小冠开心形

（仿张文和）

### （四）常用树形的整形过程

#### 1. 基部三主枝自然半圆形整形过程

**（1）定干** 定植后立即定干，高度为 70～80 厘米，剪口留在迎风面，剪口下要求有 8～10 个饱满芽。

**（2）栽后第一年修剪** 春季萌芽前后进行刻芽，促发枝条。夏季疏除距地面 50 厘米以下的分枝。第一年冬季，整形带内可着生 5～8 个枝条，从上部选择位置居中、生长旺盛的枝条作为中心主枝延长枝，留50～60厘米短截，注意剪口芽的方位。如果原头生长弱，竞争枝生长强时，可用竞争枝换头；如果原头生长旺，则疏除竞争枝。在中心主枝延长枝的下部选择三个方位好、角度合适、生长健壮的枝条作为三大主枝，留50～60厘米短截，剪口芽一般留外芽。选择1～2个中庸枝作为辅养枝进行缓放，其余过密、过旺枝一律疏除（图3－7）。

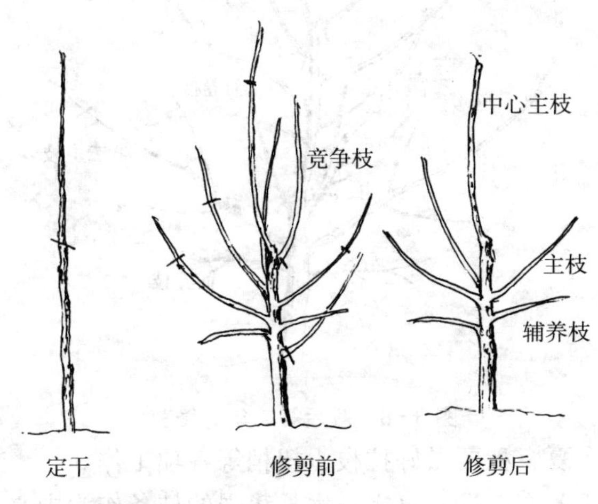


图3－7　栽后第一年的修剪

**（3）第二年春季对辅养枝、中心主枝延长枝进行刻芽，辅养枝拉平**　夏季做好夏季修剪，对中心干上萌发的新梢于夏秋拉枝开角。第二年冬季在中心干上所发出的枝条中，选留一个直立壮枝作为中心主枝延长枝，留50～60厘米短截，并注意剪口芽的方位与上年的相反，竞争枝的处理同上年。剩余枝条疏除过旺和过密的，留下的枝条一律缓放。对上年留下的主枝再留50～60厘米短截，并注意剪口下第三芽为明年第一侧枝的方位（图3－8）。

**（4）第三年春对中心干延长技、辅养枝继续环刻**　对第一年留下的辅养枝于5月下旬至6月上旬进行环剥、拉平，以促进

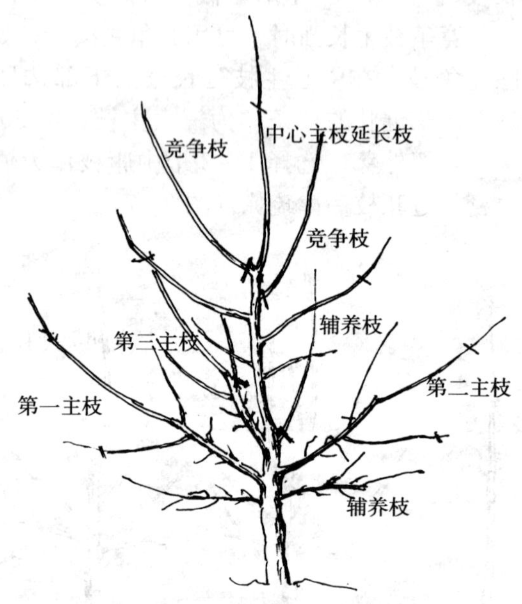


图 3-8　栽后第二年的修剪

花芽形成。夏、秋要做好拉枝、扭梢等各项工作。

第三年冬季，选一直立、生长势强的枝条作为中心主枝延长枝，留 50～60 厘米短截。在中心干上距第一层 80～100 厘米处选留 2～3 个方位好、角度好的枝条作为第二层主枝，留 40～50 厘米短截，疏除过密枝、旺枝，其余枝条一律缓放。对第一层主技、辅养枝的修剪同第二年。选出第一侧枝，并留 30～40 厘米短截，对辅养枝上的背上直立旺枝、大的分枝应疏除，使其单轴延伸（图 3-9）。

以后第四、第五年的修剪和第三年基本相同。但应考虑以下几个问题：

①各枝头应适时缓放。根据株行距、树高及枝条生长状况决定缓放时间，以便早果早丰并有利于生产操作。

②合理利用辅养枝。该树形骨干枝较少，需要培养一些临时

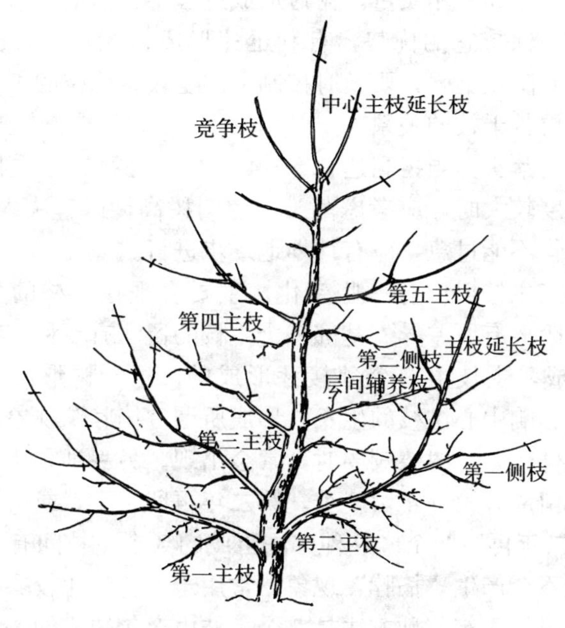


图 3-9　栽后第三年的修剪

性枝条，称为辅养枝，起到填补空间，增强树势，提早结果的作用。树冠形成的前期，在不影响骨干枝生长的前提下，应多留些。但注意辅养枝不能过多、过大，以免影响骨干枝的生长和结果，因此，应及时对其控制。控制方法：1）疏间辅养枝上的过多、过密分枝，减少其枝量。2）使辅养枝单轴延伸，其上不留大的分枝。3）拉平、环割、环剥，促其早结果、多结果，以果控制其长势。随着骨干枝增大，有的辅养枝的生长空间愈来愈小，应及时疏除，以保持骨干枝的优势和生长空间。辅养枝是否得到有效的控制，常是整形成功的关键，应引起足够的重视。

③控制上层主枝不过大。三主枝半圆形是以基部 3 个主枝为基本特征的，其枝量和产量，应占全树的 60%～70%，上层枝展应为下层枝展的 1/2 左右，这样的结构有利于树冠通风透光，

保证立体结果和果品质量。树冠形成过程中，前期要培养健壮的中心主枝，保持它的优势，有利迅速形成树冠，及时进入结果期；后期要防止上强，要及时控制上层主枝、侧枝的大小，保持上述上下层骨干枝的关系。

④适时落头。当树高达 3.5～4.0 米，且第二层主枝角度固定，并粗度较大时，应考虑落头，控制树高，以解决内膛光照。但落头工作不能过急，应有计划地逐步进行。

基部三主枝树形有一些变化，主要表现在主枝的数量、层次、层间距离有所差异。基部三个主枝的留法有 3 种，有的是在 1 年内留成，主枝由 3 个邻接芽形成的。这种树形，主枝过强时，可能影响中心主枝的生长，形成所谓“掐脖”现象，特别是在栽培条件较差，树势较弱时，常会出现。另一种方法是 3 个主枝由两年留成，第一年留 2 个，第二年再留 1 个，或第一年只留 1 个，第二年再留 2 个。这种方法留成的 3 个主枝间有一定的间距，一般不会产生“掐脖”现象，常用于生长势比较弱、发枝量较少的情况。还有一种方法是 3 个主枝由 3 年留成的，层内距离较大，用得较少。

基部三主枝半圆形骨干枝少，分层排列，叶幕层厚度适中，分布均匀，树冠内部光照条件好。骨干枝牢固，枝组寿命长，结果体积大，果实品质优良，是乔砧稀植下典型的树形。但是，它成形年限较长，开始结果较晚，整形修剪技术复杂，难度大，不易达到整形的要求。

该树形在各地表现有所不同。20 世纪 50 年代，我国主要苹果产区在辽南和胶东地区，主要是丘陵山地，土层比较薄，气候冷凉，又应用了生长比较缓和的砧木——山荆子，树势比较缓和，树冠比较好控制，当地果农又有良好的技术基础，这种树形是比较合适的。但是，50～60 年代以来，在黄河故道、黄土高原、华北平原等苹果发展新区，土层深厚，夏季高温、多雨，又应用生长势比较强的砧木——八棱海棠，苹果树的营养生长过旺，果农技术基础较差，树势难以控制，树冠过大、过高，骨干枝过多，很难达到该树形的标准，生产上常出现苹果树结果晚，适龄不结果现象，而且苹果大树产量低，质量差，随着栽植密度的增加，推行乔砧密植技术，基部三主枝树形的应用也减少了。

**2. 小冠疏层形整形过程**

**（1）定干**　苗木栽后即可定干。定干高度60～80厘米，剪口芽留在迎风面。剪口下20～40厘米的整形带内要有8个以上饱满芽。

**（2）第一年修剪**　苗干发芽前后，选择平面夹角120°，芽间距10～20厘米的3个芽，进行刻芽，刺激芽体萌发，抽生旺枝，以备选留主枝。抹除距地面40厘米以下干段上萌发的嫩梢。

冬剪时主要是选留中心主枝延长枝和基部3个主枝。当年能抽生8个以上长梢的壮树，很容易从中选出大小相近、生长势一致的3个主枝，留50～60厘米短截，中心主枝延长枝留60～70厘米短截，位置高于各主枝头。当年仅抽生3～5个长30～60厘米新梢的弱树，其主枝留30～40厘米短截。如果第一年只能选定两个主枝时，中心主枝延长枝剪留长度一般不宜超过30厘米，剪口下第3芽一定要留在第三个主枝应该着生的方向上，即二年培养出第一层主枝。各主枝短截后剪口下第3芽的位置，是未来侧枝的位置，几个主枝的第一侧枝应留在各主枝的同一侧。主枝以外的其他枝，缓放拉平，按辅养枝处理。较大的辅养枝还可进行环割，促使抽生中、短枝，促进开花结果。

**（3）第二年修剪**　4～5月，对上年选定的主枝进行拉、撑、坠、压等，使主枝基角保持70°左右，辅养枝拉成90°，促进成花。对主枝上新萌发的辅养枝，可以采取扭梢、摘心等方法，以缓和枝势，增加中、短枝数量。冬剪时，各主枝延长枝留40厘米左右短截，中心主枝延长枝下位选取2～3个大而插空生长的枝，也短截，留40厘米左右，作为第一层过渡层，采取环割等促花措施，培养成大结果枝组。

**（4）第三年修剪** 5～6 月对背上直立枝进行扭梢，辅养枝拉平、软化，较大的辅养枝在 5 月底进行基部环剥，促进成花结果。冬剪时，各主侧枝一般留 40 厘米左右剪截，中干下选取 2 个与第一层过渡层空间生长的枝，进行剪截作为第二层过渡枝。

**（5）第四、五年修剪** 夏剪原则上与上年相同。冬剪时，在中心主枝上，选强枝当头，保持顶端优势，并选出第二层主枝，插在基部主枝的空当处。同时，基部主枝上培养 1～2 个侧枝。调整主、侧枝生长势，使其健壮生长，对辅养枝采取轻剪、缓放、夏剪等措施，减缓枝势，增加中、短枝数量，促进花芽分化，提高产量。到第六年时，可基本完成整形任务。

该树形树冠紧凑，结构合理，骨架牢固，树冠内部光照条件好，生长结果均匀，高产、优质，适合生长势较弱的短枝型品种和生长势容易控制的地区，在烟台、威海地区的许多果园表现良好。但是，在生长比较旺的地区，树冠很难有效地控制，树冠过大，容易形成全园郁闭，结果部位外移，产量和质量下降。

**3. 自由纺锤形整形过程**

**（1）第一年修剪** 苗木定植后在 60～90 厘米处定干（好地、平地高些，山地、薄地低些），剪口芽留在迎风面。如果是壮苗，高度在 100～120 厘米或更长些。建园质量高，栽后亦可不定干。萌芽前后定位刻芽，促发所需主枝。7～8 月份对新枝进行拿枝软化，使侧生枝的开张角度达 80°～90°。

冬剪时，选择生长位置居中的枝条作为中心干，留 50～60 厘米短截。如中心干生长弱时，可用竞争枝换头，以保持中心干优势。在主干上选择开角适当、枝条排列方位均匀、枝条着生点相距 10～20 厘米的生长势中庸的枝作主枝，极轻短截或不截；疏除过粗的旺枝或直立枝，保持枝干比小于1/2。第 1 年主枝应留 3～5 个，如果计划培养的枝条不够，可采用中心主枝延长枝较重短截，不足 3 个时，应将分枝全部极重短截，或疏掉。若枝条生长集中一侧，在缺枝的一侧选留新萌发枝，或用刻伤技术，促使萌发枝条补空，或采用拉枝补空（图 3 - 10）。

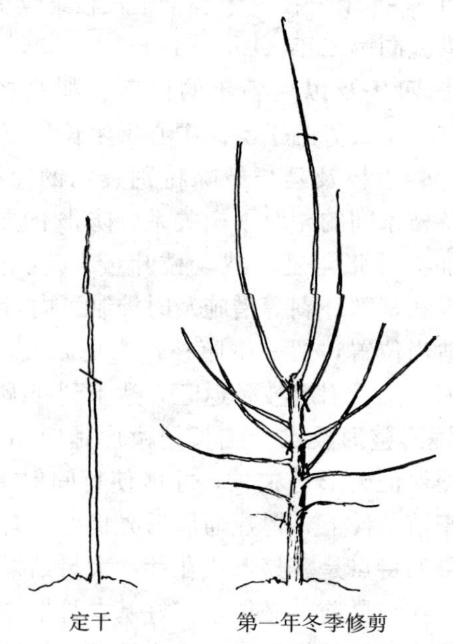


图 3 - 10　栽后第一年的修剪

**（2）第二年修剪**　春季萌芽前后拉枝，骨干枝拉成80°～90°。5 月下旬至 6 月上旬，对骨干枝上的背上枝进行扭梢控旺。7～8 月份对中心干上发出的新梢拿枝软化，使之趋于水平。

冬剪时，对上年留下的骨干枝进行缓放，对其上着生的直立旺枝进行疏剪，留下中庸枝。中心干上再选留 3～4 个生长势中庸的分枝，疏除过旺枝、竞争枝，中心主枝延长枝留 50～60 厘米短截。

**（3）第三年修剪**　对短枝型树来说，树形已基本形成，开始结果。夏剪时要注意开张骨干枝角度，让其多结果。对乔化树，尤其是红富士等结果晚的树，5 月中旬至 6 月初，对 2 年生骨干枝环剥或多道环割。其他夏、秋剪措施与第二年相同。

冬剪时，要注意树势平衡，防止下强上弱或上强下弱。在中心干上继续选留3～4个分枝。中心干延长枝继续剪留50～60厘米，其他冬剪措施同第二年（图3-11）。

**（4）栽后第四年及以后各年的修剪** 树高控制在3～3.5米，保持冠内枝条生长势的平衡。中心干生长过旺或过弱时，应及时注意换头。骨干枝及延长枝除特别衰弱的短截外，一般不剪。以后要保持枝条间的相对平衡关系，防止上强下弱。对过大的分枝，要用加大开张角度、减少枝叶量、疏除其上的较大分枝、适当多留果和基部环剥等措施及时控制。向行间延伸过长的枝，可在后部适当位置，留一中庸枝作为更新枝，缓放成花后，进行回缩。回缩过急会引起枝条返旺，达不到回缩的效果。

**4. 细长纺锤形整形要点** 细长纺锤形是应用在矮化砧密植苹果园的，必须保证树形是狭长，才能使行间保持1～1.5米的通道，保证在密植条件下，树冠通风透光良好，有良好的群体结构。矮化砧苹果的特点是容易形成花芽，大量结果以后，枝条生长量很少，因此在结果前，必须培养好基本骨架。为此，整形的重点是迅速培养成瘦长的树形，中心主干要生长健壮，并且控制主枝的延长生长，使主枝比较小、短。整形修剪从"扶干"和"主枝小型化"两方面着手，两者又是相辅相成的。

**（1）扶干** 矮砧苹果树干性不强，往往中心干生长较弱，需特别注意中心主干的培养，应用控制分枝的数量和生长势、控制竞争枝和中心主枝延长枝在饱满芽处短截等措施，使中心主枝延长枝生长量保持在60～80厘米，在4～5年生时，树高达到2.5米，以后中心主枝延长枝不再短截，整形基本完成。

除利用修剪措施扶干外，还可通过支柱缚绑来扶干。定植后每株树立一支柱，将中心干延长枝绑在支柱上，保持直立状态，有利于促进中心干延长枝的生长。

**（2）培养小型化主枝** 冬季和夏季修剪相互配合，合理运用主枝小型化的5项措施：

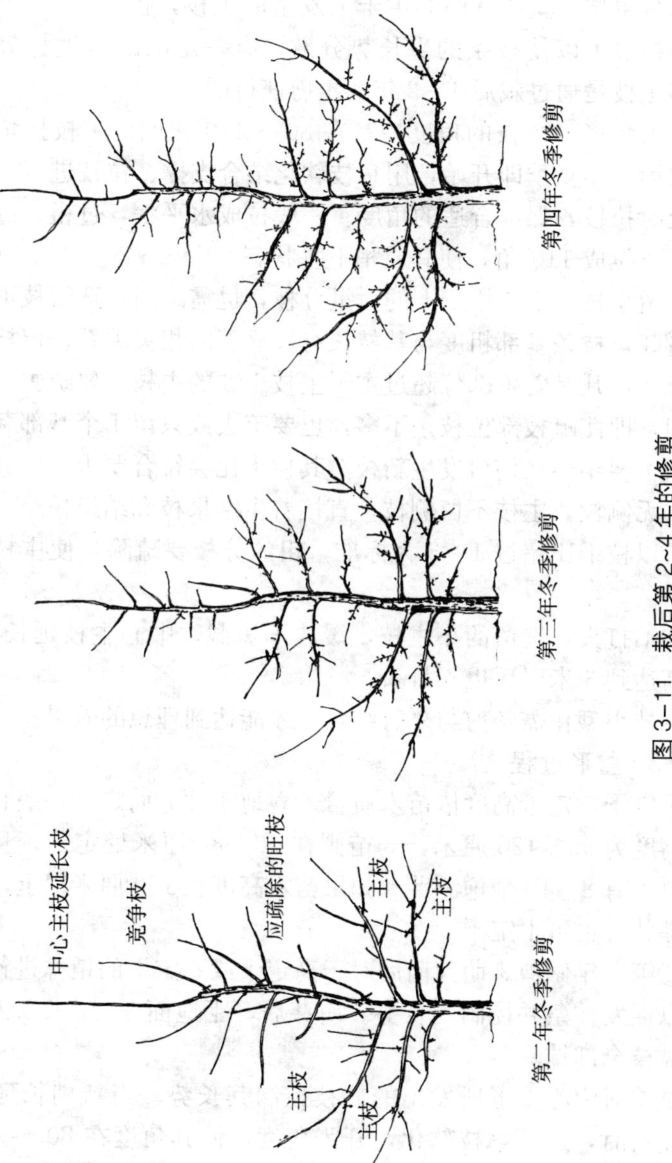


图 3-11　栽后第 2~4 年的修剪

①多主枝。全树从中心主干上发生的主枝，控制在 20 个左右。主枝多可以使枝条的生长势分散，有一定的减缓生长势作用。多主枝是通过栽后 1～2 年的重剪获得的。

②大角度。主枝的角度控制在 80°～110°之间。主枝拉角从发生的第一年夏季即开始，用拿枝软化结合支撑、拉枝进行，以后要及时拉枝，保证合适的角度。一般拉成水平状，过粗、过旺的枝可以拉成 110°角，使其成稍下垂状态。

③留小枝。中心主干上的大量分枝，也需疏间，选留枝不过粗、过旺，枝条基部粗度与其枝长有极显著的相关关系。留枝注意枝干比，凡是着生部位超过主干主枝 1/3 的主枝，要疏去。幼树期间，即使疏枝部位枝条不多，也要疏去或只留 1 个基部芽极重短截，翌年会在伤口发生新枝，其枝干比会符合要求。

④无侧枝。主枝不留侧枝，直接着生结果枝和结果枝组，分枝选留以枝干比超过 1∶3 为标准，粗的分枝要疏除，使主枝单轴延伸。

⑤不打头。选留的小主枝，缓放不短截，中心主枝延长枝，当树高达到 3 米以后也不打头。

主枝小型化需冬剪与夏剪结合，才能达到理想的效果。

**（3）整形过程**

①定干。定干高度依苗木质量、立地条件等而定。一般壮苗定干高度为 90～120 厘米，弱苗则在 70～80 厘米处定干，且保证剪口下有 8～10 个饱满芽。如果苗木高度在 150 厘米以上，且生长健壮，也可不定干。

②第一年修剪。萌芽前后对于高定干或不定干的植株进行刻芽，以促发枝条并控制其长势。萌芽后，距地面 50 厘米以内萌发的嫩枝全部抹除。

夏季对中心干上所发出的分枝控制其长势。当新梢长到 30 厘米左右时，进行拿枝软化，开张角度，使其角度在 80°～90°，秋季继续进行拉枝、拿枝等工作，使其角度保持在 80°～90°。

第一年冬季，将中心干的所有分枝，都极重短截，或全从基部疏去，中心干延长枝轻短截，在春梢或秋梢饱满芽处剪截。翌春在上年生长部位的疏枝或重短截的部位，会发出长枝，而且一些短枝也会形成长枝。在中心干延长部分，又会发生 5～7 个长枝，先端延长枝还会发生副梢，这样第二年冬季，长枝量可达 10～15 个，通过夏季拉枝，开张分枝角度，控制分枝生长的长度，即可形成基本的树形骨架，以后对分枝不再短截，进一步控制成小主枝（图 3－12）。

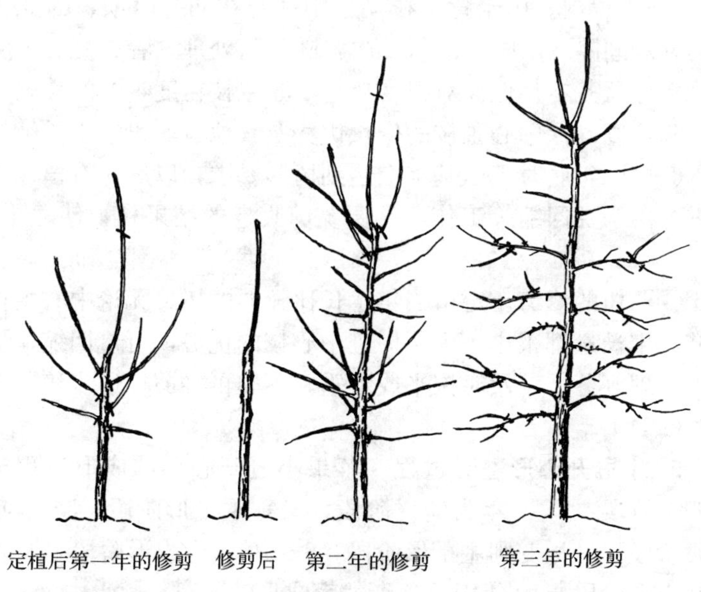


图 3－12　细长纺锤形第 1～3 年的修剪

③第二年修剪。春季萌芽前后，中心干上分枝长度的控制，在当年夏季开始，新梢长 30～40 厘米时，即可拿枝软化，使基部角度加大，以后连续 2～3 次调整，使这些分枝当年呈 80°～90°角。

第二年冬季修剪对中心主枝延长枝尽量轻短截，疏除竞争枝重叠枝、密生枝及直立旺枝和枝干比不符合要求的主枝。在2年生部位发出的枝条，只要枝干比在1∶3以下，基本保留，也不短截。

④第3～4年修剪。对已拉平的枝条及中心主枝延长枝进行目伤，以提高萌芽率，控制枝条长势。对中心主枝上发出的新梢拉平。夏季，对水平大枝上发生的背上枝，要及时控制，当新梢长15～20厘米时，基部扭伤，向一侧压平，秋季其长度可控制在30厘米以内。由于背上枝发生不一定在同一时期，因此背上枝的处理间隔一段时间进行一次，随长随处理。春、夏、冬剪和第二年修剪基本相似。对粗度超过中心主枝粗度1/3的枝条一定要疏除，以确保中心主枝的生长优势及其他枝的正常生长结果。

⑤第四年底时。已基本上达到树形要求，以后应看植株生长势进行落头及回缩等工作，并要疏剪衰老的结果枝，使之丰产、稳产。

⑥弱树的修剪。定植当年生长比较弱的树，无论中心主枝或分枝，生长量都很小，为了促进中心枝的优势，可重回缩，夏季着重处理好分枝，及时拉平或下垂，冬季再轻剪，逐步培养成形（图3-13）。

**5. 小冠开心形整形过程**　苹果小冠开心形的成形过程可分为四个阶段：1～4年为幼树阶段，又称主干形阶段；5～8年为过渡阶段，又称变则主干形阶段；9～10年为成形阶段，又称延迟开心形阶段；10年以后逐渐发育成形。

**（1）幼树阶段**　建立树体骨架，迅速形成主干形的树体结构。

①定干与定植当年的修剪。栽植后在80～100厘米处定干，夏季苗木的剪口下可发生4～6个长的新梢，剪口第一枝作为中心主枝延长枝培养，夏季不作处理，第二芽枝角度直立，易形成竞争枝，当其长到30～40厘米时进行摘心控制或软化拉平，以

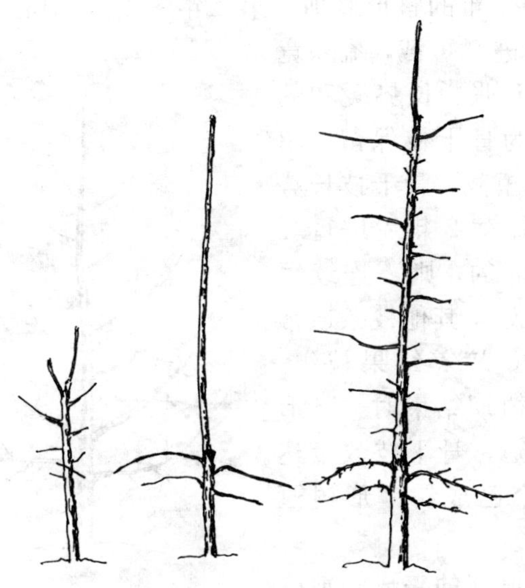

图 3-13　弱树的修剪

促进其他新梢生长。其他枝角度小的，可通过拉枝进行调整。第一年冬季修剪，中央主枝延长枝留 60 厘米左右短截。疏除竞争枝和过粗枝，其余枝条轻短截或缓放（图 3-14）。

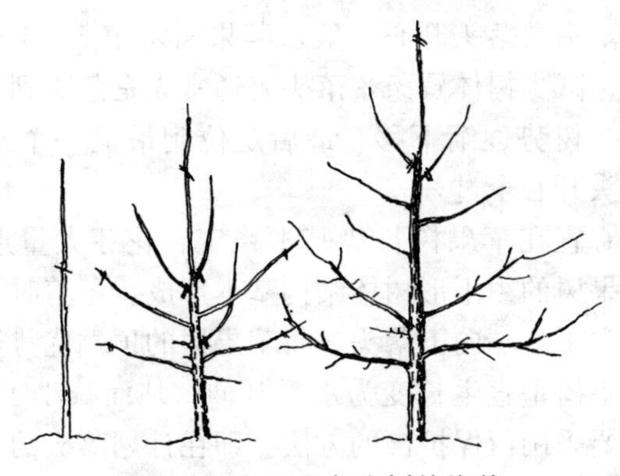

图 3-14　1～2 年生树的修剪

②第 2～4 年的整形修剪。第二年冬季，中心主枝延长枝 50～60 厘米进行短截，疏除竞争枝，角度开张、长势缓和的枝条，可作为骨干枝保留，留 60 厘米左右短截。骨干枝长势强旺，连续短截 2 年后进行缓放；长势偏弱的，则需连续短截 3 年后缓放，其他枝条通常保留并缓放，培养结果枝组。到第四年幼树期结束时，已形成主干形树冠，骨干枝数量达到 10～12 个已成纺锤形树冠（图 3-15）。

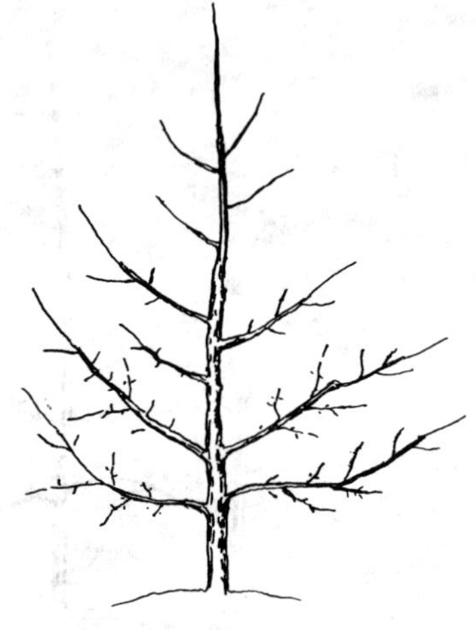

图 3-15　3 年生树的树冠

**（2）过渡期的整形修剪**　该期主要任务是完成苹果树形由主干形树形（垂直叶幕）向开心树形（水平叶幕）的树形过渡。同时，也要完成树体由营养生长向结果的过渡。

在此期间，需实施开心落头、基部提干等措施。同时，全树的主枝逐渐明确，辅养枝数量逐渐减少。

①开心落头。落头开心一般从苹果树定植 5～6 年开始。为了稳定树势，减少树体冒条，落头时通常先是落头到二年生枝段上，其后根据树势逐渐下移，最后定位到最上一个永久性主枝上，完成落头开心全过程。

落头开心宜在苹果树长势基本稳定、花芽大量形成之后开始，这时苹果树的主干形树体结构基本形成。冬剪时，可视树体长势逐年从主干上端向下落头，将苹果树的顶端优势转化为横向优势，将苹果树垂直生长变为水平延伸，从而减小了叶幕厚度。落头时，还要采用留保护橛的方法。即在计划落头的主枝处，往上多留中央干 20 厘米落头，形成中干保护橛，橛上要保留少量枝或保留来年橛上萌发的部分新梢。这样既可以保持橛的生命力，不易从伤口感染腐烂病，又可用其遮光，防治落头后骨干枝的灼伤。待计划落头的主枝处的干粗大于保护橛的粗度时，可以将橛去掉，此时落头的伤口相对很小。

②疏枝提干。从第 5～6 年冬剪时开始，直到第 8～10 年开心形成形时结束，为开心树形的形成起到了重要的作用。

疏枝提干通常从树干基部开始，逐年疏除过渡性骨干枝及辅养枝，依次向上提高树干。每年冬季修剪时，可根据树势及果实负载情况，疏除 1～2 个骨干枝，到第 8 年过渡期结束时，全树骨干枝由最初 10～12 个过渡到 4～5 个。其后随着成形期的进一步调整，最终形成 2～4 个永久性主枝。与落头开心相似，疏枝提干也应在苹果树长势基本稳定、花芽大量形成之后开始。疏枝提干之前，不但要考虑全树的果实负载，同时，还要考虑树冠中、上部永久性主枝的果实负载（图 3－16、图 3－17）。

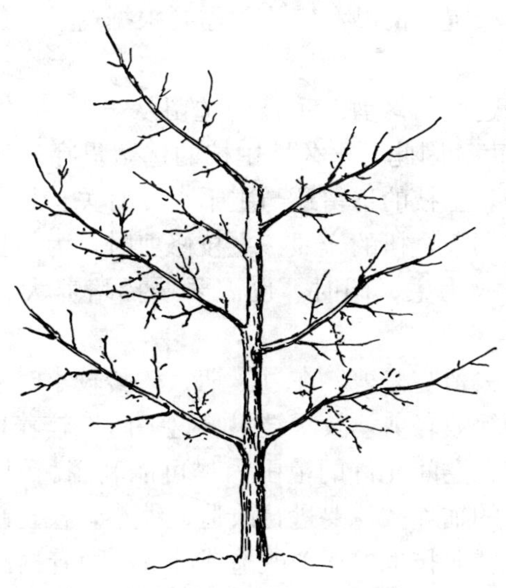

图 3－16　过渡阶段的树冠

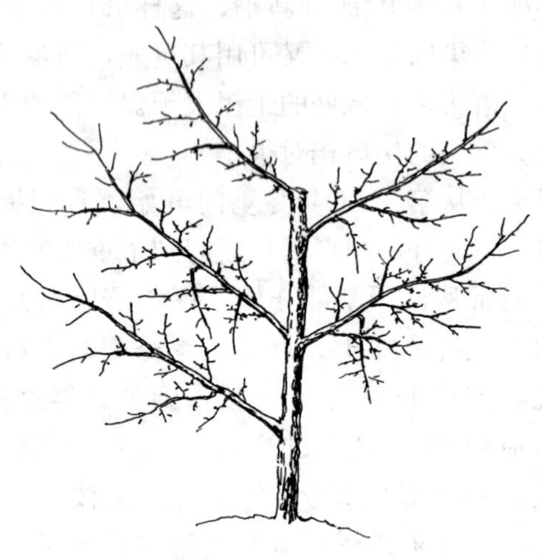

图 3-17　过渡后期的树冠

③环剥促花。进入过渡期以后，开心形苹果树的树体及结果枝组逐渐形成。为了促进枝组成花，尽快完成树体过渡，并配合落头开心与疏枝提干的顺利实施，需要根据树长势进行环剥促花处理。

④主枝的选留与修剪。主枝的选留从第 5～6 年开始，直到 8～10 年时结束。因此，永久性主枝的选留贯穿过渡期与成形期两个整形期间。主枝的选留还与主干高度有关。最上边的主枝以朝北最好，有利于全树的光照。主枝修剪时，为了稳定树势，延长枝以轻剪缓放为主，同时，也需要选择培养大、中、小型结果枝。

⑤辅养枝去留与修剪。在过渡期，树龄较小时应尽量利用辅养枝，尽可能缓放轻剪，及早结果。这一时期辅养枝担负着树体的主要产量，在空间允许的范围内尽可能利用。但对影响主枝、临时主枝生长的辅养枝，要进行改造、缩小，甚至疏除。对于着生部位较低的辅养枝也要逐渐改造或疏除。随着树龄的增加，永久性主枝上的结果枝组越来越多，辅养枝的结果功能也随之淡

化，产量从辅养枝上逐渐向主枝转移。第 8 年过渡期结束时，开心形苹果树上通常仅保留 3～5 个永久性主枝和少量辅养枝。

⑥结果枝组的培养与修剪。结果枝组通常较小，单轴延伸，经过自然甩放，形成花芽。为了缓和树势，结果枝组宜多留。当永久性主枝形成后，结果枝组也逐渐分化为不同大小类型。部分枝组自然下垂，连续结果，形成下垂延伸的结果枝组。这类下垂枝组可增加树冠叶幕层的厚度和枝叶量，在开心形苹果树中对提高产量和果品质量，起到重要作用

**（3）成形阶段的整形修剪**　这一阶段，开心形苹果树的树体结构趋于稳定，整形修剪的主要任务是进一步完善树形结构，并培养下垂结果的枝组体系。

①果园间伐。密度果园，在这一阶段控制临时株，并逐渐间伐。

②主枝的修剪。这时以主枝为中心的扇状枝群仍在缓慢扩展，向外伸展扩大树冠。同时，结果枝组也继续下垂延伸，扩大立体空间。多余的主枝要进行逐渐改造和疏除，最终实现预定的永久性主枝数量（图 3-18）。由于苹果树已大量结果，主枝的延长枝也往往由于果实负载而下垂，因此，应在主枝背上部位注意培养有发展前途的枝组，成为将来的预备主枝头，以便在主枝大衰弱后及时更新。

③结果枝的更新与培养。成形期，一部分结果枝组生长势衰弱，枝龄达到 6～8 年时，需要考虑枝组的更新。更新之前，枝组基部拐弯处经常出现萌生枝，选择比较强旺的背上枝作为结果枝组的预备枝进行培养，待其形成结果能力后，将旧的结果枝组从基部疏除。结果枝组的更新需要循序渐进，逐年分批进行。

**（4）成形后阶段的整形修剪**

①主枝的维护与更新。开心形苹果树的树形骨架基本稳定，主枝向外延伸较慢。该期整形修剪的任务，一方面是维持现有树形结构，平衡树势；另一方面还需要及时进行主枝的更新，复壮

图 3-18　成形阶段的树冠

树势，尽可能地延长经济结果年限。需要注意主枝延长头的定期更新，即当主枝延长头明显衰弱时，可由背上萌生枝代替。一般更新周期为 10 年左右。

②结果枝组的维护与更新。在成形后期，开心形苹果树经济结果年限的长短，与结果枝组的维护与更新密不可分。为了平衡与复壮结果枝组的生长势，整形修剪时通常需要注意：适当降低结果枝的密度，增加结果枝组的光照；定期进行枝组的更新，一般更新周期为 6～8 年，当结果枝组新梢势力明显衰弱时，由背上萌生的新枝或枝组代替；为了保持树势，应不做夏剪，并适当加大冬季的修剪量；注意多留中、长枝和多疏短、弱枝。

### （五）不同年龄时期树的修剪特点

**1. 幼树期**　幼树期是指由苗木定植到第一次开花结果的一段时期。幼树期一般为 2～5 年。此期整形修剪的主要任务是做好整形工作，使树体生长健壮，安排好各级骨干枝，形成理想的树体骨架，并且达到一定的枝量。在此基础上，使树势和枝类组成符合苹果花芽分化的要求，为早期丰产奠定基础。这一时期的修剪特点是：

**（1）选留骨干枝**　使数量、分布符合所选定树形的要求。

**（2）轻剪长放多留枝**　苹果幼树生长旺盛，萌芽率、成枝力均较强，在不影响树形要求的前提下，尽量轻剪长放多留枝，以尽快增加枝量，达到早果、丰产的要求。不同长度枝条的芽数有明显的差异，因而枝量增加的情况也不同，因此，轻剪长放须在一定的长枝量基础上进行，栽植后1～2年采取措施，需促发较多的长枝，当长度在80～100厘米的长枝达8～10个时再缓放。苹果结果是以中、短果枝为主的，增枝的同时，要及时缓和树势，改变枝类组成，增加中、短枝的比例，以便形成花芽，提早结果。

**（3）调整主枝角度，控制辅养枝**　根据树形要求，采取支、拉、撑等方法调整主枝角度。对辅养枝要拉平，甚至有些枝下垂，以缓和枝条长势，增加短枝量。若辅养枝过大，影响主枝生长时，应控制辅养枝，通常采取减少它的分枝量、加大开张角度、促花早结果等方法，不能有效控制的要及时疏除。

**（4）加强生长季修剪**　生长季采取刻、拉、剥、扭梢等方法，均可缓和苹果枝条的生长势，促进花芽形成。此外，生长季及时抹除无用萌芽，随时疏除徒长直立枝，秋季对旺枝摘心等，均可改善光照条件，减少养分消耗，使留下的枝条生长发育健壮，提高越冬能力，减轻抽条的发生。

**2. 初果期**　初果期是指由开始见果到大量结果的一段时间，一般为2～3年。修剪的任务是继续完成整形工作。同时，要注意培养结果枝组，使之逐年增产，尽快进入盛果期。修剪特点是：

**（1）继续进行整形工作**　根据整形计划，按树形要求，继续进行整形工作，直至树体成形。主要内容包括开张骨干枝的角度、竞争枝和徒长枝的处理、保持各级枝间的主从关系等。

**（2）辅养枝的利用与控制**　初果期既要整好树形，又要逐步提高产量。因此，对辅养枝既要充分利用，又要及时控制。对于枝龄较小尚未成花结果、有生长空间的辅养枝应继续长放，采取刻、剥、拉等措施，使之成花结果。对于重叠、交叉、过密的辅养枝，应采取减少其枝量、回缩、疏除等方法，使树冠内通风透光良好，但切忌在一株树上过多回缩或疏除，以免削弱树势或枝条返旺。回缩时应根据枝的强弱、空间大小、影响程度等决定回缩程度及剪口下的枝条。如果辅养枝较强，影响程度较小，有一定空间时，可轻回缩，用弱枝弱芽带头，以后采取开张角度、环剥等措施，促其成花结果，然后再逐步改造成结果枝组或疏除。对辅养枝较弱、影响程度较大、空间较小的辅养枝回缩时程度可稍重，并用较强枝壮芽当头。对于影响骨干枝生长的辅养枝，应本着影响一点去一点、影响一片去一片、全部影响疏除的原则进行处理。对于裙枝，根据空间大小及结果情况进行适当回缩或疏除。

**（3）培养结果枝组**　培养结果枝组是初果期树修剪的主要任务之一。由于不同品种、整形方式，对结果枝组的要求不同，培养结果枝组的方法也有差异。骨干枝较少的大冠形，骨干枝之间有较大的空间，需要安排一些大型结果枝组，同时，插空培养一些中、小型枝组；而中、小冠形，则以中、小型枝组为主。枝组的类型与着生部位拥有空间有关。背上空间较少，不宜安排大型枝组，修剪时要控制枝组的大小和高度，培养成为紧凑型枝组，或将其改变方向，变成水平或下垂枝组。侧生或下垂枝组，发展空间较大，可以培养较大的枝组。枝组培养的方法，多采用先放后缩的方法，即对枝条先缓放，待成花结果后再回缩。这样培养的结果枝组，结果较早，并且多为单轴延伸的细长枝组。中、小型枝组由中庸枝缓放而成，有的由中、短枝连续结果，自然形成。如果空间较大，也可采用先截后放法培养枝组，即对一年生枝先中截或重短截促发分枝，然后再缓放。采用这种方法培养结果枝组结果较晚，但枝组生长势强，寿命长。近年来大树改造，提高了树干高度，需要增加下垂枝组，以补充结果部位，这些下垂枝组常由背上或水平枝改变方向，连续缓放培养而成。

**（4）继续进行生长季修剪**　为使树体健壮生长，并尽快度过初果期，还须加强生长季修剪，如采取刻芽、环剥、拉枝、扭梢、摘心等措施缓和树势，形成大量花芽。

**3. 盛果期**　盛果期是指从初果期结束，到一生中产量最高的时期。此期树体骨架已基本形成，整形任务已完成。修剪的主要任务是维持健壮的树势，调整好花芽、叶芽比例，改善光照条件，培养与保持枝组势力，争取丰产、稳产、优质。这一时期的修剪特点是：

**（1）调整树体结构，改善通风透光条件**　苹果树进入盛果期后，由于枝条多，树冠大，树冠间枝条交接，树冠内膛光照不良，枝条生长弱，从而影响丰产、稳产和优质，因此必须调整树体结构，改善通风透光条件。

当树冠间已近交接或出现交接时，如果主枝延长枝生长弱，应适当回缩，使树体保持相对稳定状态；如果主枝延长枝生长壮可暂缓不剪，采取拉枝、环剥等措施，使其缓和后再回缩。总之，修剪后应使行间保持1～1.5米的作业道，株间互不影响，以便充分利用光能和田间操作管理。

对初果期保留下来的较多的辅养枝，到盛果期应该分期分批改造成结果枝组或疏除，使树冠保持一定的有效层间距和叶幕间距。疏除或回缩时不能操之过急，否则会削弱树势，影响产量。对主枝上的过密枝，应适当疏除；对下垂枝组，只要有足够的空间，不要急于回缩或疏除；对主、侧枝上背上枝组应控制其高度，过高时回缩到水平状弱枝上。总之，通过采取一系列措施，打开层间，使树冠内通风透光良好，达到枝枝见光的目的。

盛果期达到预定树高时，中心主枝可以落头，以控制树高，解决上光问题。适时落头要掌握好时机，不同树形会有所差异。如采用纺锤形树形，可在规定高度内选一合适部位落头；如采用小冠疏层形，则应对准备去掉的一段中心干，先长放，减弱其长势，然后再逐步去掉原头。

**（2）结果枝组更新复壮** 由于枝组年龄过大，着生部位光照不良，过于密挤，结果过多，着生在骨干枝背后，枝组本身下垂，着生母枝衰弱等原因，均可造成其生长势衰弱，不能分生生长枝，结果能力明显减弱，这种枝组需要更新。

枝组的更新要从全树生长势的复壮和改善枝组的光照条件着手，并根据枝组的不同情况，采取相应的修剪措施。例如，冬剪时可回缩至强壮分枝或回缩至角度较小的分枝处，并减少花芽的比例。枝组分枝较少时，可疏花果，或变花枝成营养枝进行复壮。过度衰弱，回缩或短截后仍不发枝，无法更新的枝组，可基部疏除。如果疏除后有空间，可利用徒长枝培养新的结果枝组；如果疏除前附近有空间，亦可先培养新结果枝组，然后将原有衰弱结果枝组逐年除去，即以新代老。

**（3）调整好叶、花芽比** 苹果树结果过多，常导致树体衰弱，容易出现大小年现象。因此，修剪时调整好叶、花芽比，使之保持在3∶1左右，并配合好疏花、疏果，才能达到连年丰产、稳产的目的。

### （六）苹果树整形修剪中存在的问题及解决途径

#### 1. 生产上苹果整形修剪中常出现的问题

**（1）树形选择不当** 密植条件下，沿用稀植大冠树形，造成树冠过高、过大，株、行间交接，全园郁闭。

**（2）定干太低** 主干只有40～50厘米，不便田间管理。

**（3）骨干枝数量大** 级次多，层数多，层间未打开，叶幕不分层。

**（4）从属关系紊乱** 常出现上强下弱，外强内弱，大枝分布不均，偏冠等现象。

**（5）修剪过重** 疏枝过多，影响树势和早期枝量。短截太多，回缩过重，局部枝条生长过旺，长枝比例高。

**（6）骨干枝角度小**　外围枝多，内膛光照不足，秃裸现象严重，结果部位外移。

（7）大枝多，小枝少，生长枝多，结果枝少。

**（8）中心主枝落头过急**　引起上层发生大量徒长枝。

**（9）选留的缓放枝过强**　角度过小，形成树上长树。

**（10）仅仅冬季修剪**　生长季不修剪。

**2. 乔砧密植大树的树形改造**　苹果密植栽培，增加了单位面积株数，早期枝量增加迅速，在适当的控旺、促花基础上，提早了结果和提高了早期产量。但是，树体大与空间小的矛盾难以调和。很多果园过早地郁闭，严重影响果园的光照条件。为了提高产量和改善果品质量，亟需进行树形改造。树形改造要根据砧穗组合的生长势、土壤肥力、气候特性、栽植密度等因素综合考虑，可以从垂直和水平两个方向进行光分布的调整。

**（1）垂直方向的改造**　是缩小自由纺锤形的冠径，打开行间，使树变瘦，行变窄。具体的做法是抬高树干，锯除基部的大枝，把中层主枝拉下垂，占据原来基部主枝的位置，再把上层主枝拉到原来中层主枝的空间，进一步疏除上部过密的大枝，调节枝条的密度，必要时落头开心。总体上大枝量减少，树冠变窄。这一方法适合树龄较小，大枝不过粗，能够把枝拉下垂。若大枝太粗，不便拉弯，则不适宜。

**（2）水平方向的改造**　是将纺锤形改成开心形，多主枝改成少主枝，多层次改成少层次，抬高树干，落头开心，打开层间，减少总叶幕层的厚度。具体步骤如下：

①树形设计和骨干枝安排。改造后的开心形树体结构，干高1～1.5米，5～6个主枝，2～3层排列。下层主枝可培养侧枝和大型结果枝组，以充分利用空间。上层主枝不要留侧枝，其枝展应控制在下层主枝的1/2，形成上小下大的凸字形树冠，也可理解为全树有一层半骨干枝。

②落头开心，降低树高。中心主枝在高 2.5～3 米处，锯除枝头，用一个生长势中庸的大枝作为新的中心主干延长枝，以便降低树高。上层主枝较大时，可以一步到位，否则需逐步进行。中心干轻回缩，疏除上部大枝和生长旺的分枝，使其生长势减弱，等预留新中心主枝头，加粗、加大后，再落头。

③抬高干高。疏除着生较低的骨干枝。由于这些大枝，严重重叠，已经没有生长空间，其光照不足，果品质量下降，甚至花芽形成和结果很少，已失去经济价值。疏除这些大枝一般不会影响产量，相反可以腾出中层大枝上下垂结果枝组生长的空间，而且也方便田间管理。

④疏大枝。改造过程中，应首先确定选留的主枝，再疏除过密、重叠、过大、过强的大枝和结果枝组，以解决下层光照。若各个主枝分枝较少，仅仅留几个主枝，枝量太少，应留一些临时性枝，补充空间，随预留的主枝逐渐长大，逐步疏除。

⑤培养下垂结果枝组。改形减少了骨干枝的数量，需要增加结果枝组来补充空间。干高提高了，原来下层骨干枝留下的空间，需要上层骨干枝上缓放一些背上、侧生的枝条，逐渐培养成大型下垂结果枝组来补充。因此，随着树形的改造，结果枝组的类型也应有相应的变化。

**3. 改形中应注意的问题**

**（1）树形改造方案的确定**　根据砧木、品种、肥水管理水平和自然条件等因素，预测成龄后树冠形成的大小，现有群体结构和树体结构基础，决定改造后的栽植密度、选用的树形和树体结构。

**（2）因树做形，灵活应用**　树形改造的目的是解决果园和树冠郁闭带来的光照不足问题，减少树冠的层次，缩小冠高，降低枝叶密度，减少叶幕层厚度。具体应用时，要根据每一株树的具体条件，确定改造的方法、进度，不可生搬硬套，不可强做形，不可操之过急，以免过重修剪，树势难以控制，可以分几年分批完成。

**(3)尽量减轻修剪量**　改形过程中，难免要疏除大枝，这时要尽量多留小枝，即使有些密，从平衡树势的角度来考虑，也要暂时留下，以后再逐步清理。

**(4)回缩要适当**　回缩可以缩短骨干枝的长度，也就打开了行间。但在实际应用中，常常效果不佳。大枝回缩，会引起枝条生长返旺，改变了原有的枝类组成，不仅在前部发生大量旺枝、徒长枝，而且一些原来的短枝也发出长枝，花芽形成减少，要连续缓放数年，才能结果。但是，这时回缩发出的新枝头，已经延伸很长，大枝的长度又恢复到回缩前的水平。因此，回缩并不能带来好处，这是树冠冠径缩小的难点。为此，在大枝回缩时，要有一定的条件，做好准备。如果大枝基部有较大的分枝，可以用“以侧代主”的办法，在分枝处回缩，或者大枝比较细，可以拉下垂，用以抑制先端的生长，而且诱发后部发生背上枝，这些新发枝条，经缓放培养成为预备枝，在此处回缩则可起到缩短大枝的作用。

**(5)夏季修剪的配合**　改形过程中，锯除大枝比较多，修剪量比较大，必然会发出一些徒长枝、背上旺枝，夏季要及时处理。有发展空间的，可以通过缓放、扭梢、拿枝软化等措施，改造成结果枝组；没有发展空间的应及时疏除。

**(6)改形中大的锯口**　要削平，涂以保护剂，促进愈合。而且要注意苹果腐烂病的发生。

**(7)树形改造与其他措施的配合**　树形改造可以适当地控制树冠的大小，但是，如果栽植过密，也很难达到理想的效果，必要时需先间伐，再改形。

### (七)整形修剪的发展趋势

整形修剪是苹果栽培管理重要的技术措施。同时，也是技术难度大、用工多的项目，如何使整形修剪简化，修剪用工减少，以降低成本，是苹果栽培发展的一个重要课题。

**1. 应用自身能控制生长势的砧木和品种** 整形修剪是以苹果树的生长发育状况为基础的，苹果树的生长势强弱、生长量的大小，直接影响修剪的难易和修剪量的大小，应用矮化砧木或短枝型品种，使苹果树生长势缓和，生长量减少，则可使树体结构简化，修剪量减轻。

**2. 简化树形** 圆柱形、细长纺锤形等树形，结构简单，骨干枝级次减少，可在3～5年生时，基本完成整形任务，是矮砧和短枝型品种应用的基本树形。

**3. 简化修剪** 以疏剪长放为主的修剪技术，减少短截和回缩，应用长放的水平或下垂结果枝组，使树势缓和，修剪可以减轻。

**4. 生长季修剪** 生长季及时控制一些枝条的旺长，如扭梢、摘心、拿枝软化、拉枝等技术，可将一些旺枝枝条生长缓和，多发短枝或改造为中庸枝和结果枝，有效地控制生长，减少冬季修剪的修剪量。

## 二、种子的沙藏处理

**1. 砧木种子的选择和生活力的鉴定** 有育苗任务的果园，在12月份要选择好砧木种子，并进行沙藏处理，以备早春播种使用。

培育优良砧木苗的关键是选择适应当地条件的砧木品种或种类。目前生产中常用的砧木有山定子、八棱海棠、平邑甜茶和海棠果等种子。各地可根据砧木的特性和当地条件选择。在采集或购买种子时，要注意品种或种类纯正、充分成熟、籽粒饱满、无病虫和检疫对象。同时，要进行生活力鉴定，以确保种子质量。鉴定生活力的常用方法有形态鉴定法和染色法。

**(1)形态鉴定法** 质量好的种子籽粒饱满，种皮有光泽；

种胚和子叶乳白色，不透明而有光泽，吸足水分后按压有弹性，不易破碎。陈种子的种皮无光泽，种仁淡黄色，无弹性，按压易破碎。经高温处理或热水煮过的种子，种仁浅黄，呈透明状。

**（2）染色法**　先将种子用清水浸泡12～24小时，充分吸水后剥去种皮，将种仁浸于5%的红墨水中染色2小时，再用清水冲洗干净，凡胚完全着色的是死种子，未着色的为有生命力的活种子。

**2. 种子的沙藏处理**　苹果砧木种子需在一定的低温、湿度和通气条件下，经过一定时间的沙藏处理并完成后熟作用后才能发芽生长。不同砧木种子的沙藏时间如表3-2所示。一般沙藏的有效温度范围为－5～7℃，最适温度范围为2～7℃。沙子的湿度以手握成团而不滴水（约为最大持水量的50%）为宜。

**表3-2　苹果砧木种子沙藏时间**

| 砧　木 | 沙藏日数（天） | 平均日数（天） |
|---|---|---|
| 山定子 | 25～90 | 52.5 |
| 八棱海棠 | 40～60 | 50.0 |
| 海棠果 | 40～50 | 45 |
| 平邑甜茶 | 30～35 | 32.5 |

少量种子沙藏可用花盆、木箱或编织袋，大量种子可用沙藏沟。沙藏沟宜选在背阴高燥处，沟深0.8米，长、宽视种子量而定。沙藏时，首先在容器或沟的底部铺一层湿河沙，然后按照种沙比1∶4～7（体积比）的比例将种子和沙子充分混匀，上面盖10～20厘米厚的河沙。容器沙藏的可将容器放于地窖或埋于背阴高燥处。沙藏沟上面需再盖土20～30厘米，使其高出地面。为保证通气，可在中间插上草把。沙藏用的河沙要用洁净的粗河沙。沙藏期间要保持沙藏沟内相对湿度为60%～70%，温度为0～7℃。沙藏后期要经常观察种子的萌动情况，防止种子过早发芽或霉烂。通常预防种子过早发芽的措施；一是沙藏地点要背阴，二是在早春气温回升时，白天遮盖沙藏地点，晚上揭开，以

减少热量的蓄积。有条件的地方，在沙藏处理的后期，可将种子装于编织袋中，放在0℃左右的冷库中，可以有效防止种子发芽，并可延迟播种时间。冷库贮藏中，装种子的袋间要保持一定的距离，以利散热。同时，监测袋内沙子的温度，使其保持在0℃左右。在沙藏处理的后期，温度过高会导致已经通过后熟的种子发芽。

## 三、树体保护及预防幼树抽条

**1. 树体保护** 冬季树体保护的主要内容是树干涂白和剪锯口的保护。树干涂白的主要目的是为了减轻冬季和早春枝干的日灼、冻害和霜冻，一般要在入冬前给主干和大枝干涂白。涂白还可以减轻或防止野兔等兽类啃伤果树枝皮。涂白一般在刮完老翘皮后进行，涂白液的配法主要有以下两种：

①水10份（重量，下同）、优质生石灰3份、石硫合剂原液0.5份、食盐0.5份、动（植）物油少许。

②水15份、优质生石灰6份、食盐1份、豆浆或600倍“6501”黏着剂0.5份。

苹果树冬剪后留下一些较大的剪口和锯口，为防止剪、锯口感染病害、失水抽干和促进伤口愈合，一般在修剪后对较大的剪锯口应及时涂抹保护剂。常用的保护剂有以下几种：

①清油铅油合剂。清油（防水漆）3份（重量，下同）、白铅油1份，混合均匀即成。

②桐油铅油合剂。桐油3份、白铅油1份，混匀即成。

③直接用防水漆。

④伤口愈合剂。主要成分是促进伤口愈合的生长调节剂，如生长素类，有市售。

**2. 预防幼树抽条的保护措施** 苹果幼树发生抽条主要是由于地下根系吸水和地上散失水分不平衡导致的。幼树抽条一般发生在地温尚低、气温较高和空气干燥的早春季节。根据各地的经验，生长季前促后控，提高越冬性；后期防止浮尘子产卵为害；冬季在树上使用抑蒸保护剂减少失水，在树下提高根际地温，促进根系吸水等措施配套应用防治效果最好。抑制蒸腾剂要在 12 月下旬、2 月中旬分两次使用，常用的保护剂有 100～150 倍液的羧甲基纤维素、2%～3%的聚乙烯醇、5～10 倍液的石蜡乳剂、150 倍液的高脂膜和京防 1 号等。另外，于 1 月下旬至 2 月上旬在树冠下覆盖 1～1.5 米见方的地膜可明显提高地温，促进根系吸水。初冬在树体西北侧培月牙土埂配合早春覆盖地膜效果更佳。

## 四、休眠期病虫害防治

**1. 果园卫生**　果园卫生工作一般分两次进行。第一次是在秋季落叶后清扫果园，清除病果、病叶、枯枝、落叶和杂草等，并集中烧毁或深埋。第二次是在冬剪后捡拾修剪下来的树枝，运出园外，并将剪下的枯枝、病枝集中烧毁。搞好果园卫生可以减少多种病虫的越冬基数，是病虫害防治的重要内容。

**2. 刮树皮**　老翘皮缝是多种越冬害虫的寄居处，也是一些弱寄生菌的寄生处。休眠期刮除大枝干及分杈处老翘皮是铲除越冬病虫害的重要措施。刮树皮一般用专用刮刀，刮到树皮红白相间、不留翘皮的程度即可。冬季刮树皮不宜过深。枝干涂白的果园，刮树皮宜在落叶后提早进行，随后涂白。刮下的老翘皮要收集起来集中烧毁或深埋。

**3. 果园浅耕**　在土壤表层越冬的害虫，浅耕后使其暴露于土壤表面冻死，可大大减少冬后害虫的基数，减少生长季虫害的发生。

**4. 药剂防治**　果树冬剪后为防治腐烂病、轮纹病、白粉病，全园应喷一次 45%施纳宁水剂200～300 倍液。腐烂病、轮纹病严重的果园，可于落叶后和萌芽前各喷一次45%施纳宁水剂200～300倍液或100倍液的多菌灵。对病疤进行刮治，涂抹腐必清、843康复剂等药剂。

## 五、其　他

**1. 年终总结**　利用果树休眠期的农闲时间，根据上年度果树生产目标（计划），包括产量、质量、病虫害防治、树相指标、肥料及用工状况、经济效益核算等目标完成情况，对一年来的工作进行认真的总结，做好年度决算，找出生产中存在的关键问题，并提出解决问题的措施，为下年度生产计划的制定和顺利实施奠定基础。

**2. 制定下年度工作计划**　在全面总结上年度生产情况及计划完成情况的基础上，结合果园的实际情况，做好下年度的预算，提出下年度的管理目标和具体工作计划。管理目标的内容主要包括以下几个方面：

**（1）产量目标**　一般以单产或总产表示。

**（2）质量目标**　一般将其分解为若干量化的指标，包括果实大小、形状、着色指数、病虫果率、机械损伤率、各级果百分率等。一般按照国家果品分级标准分级。

**（3）树相指标**　主要包括新梢生长量、每亩的枝量、枝类比、叶面积系数、花芽比例、坐果率、落叶时间及好叶率等。

**（4）成本指标**　包括物资成本和人工成本。

确定管理目标时还应注意以下几个问题：

①目标要切合实际，要能够实现。目标是根据上年度的管理情况、产量以及树相指标等制定的，必须是经过努力可以实现的。

②指标要明确，不可含混模糊。在确定目标时，要有相应的量化指标，而且指标要分解详细、量化合理；切忌用“产量较

高”，“质量较好”，“树势中庸”等词语作为指标。

③确定的目标要有收益和成本预算。成本预算包括肥料费、农药费、水电费、农机具折旧费、用工数量和用工标准及费用等。在进行收益和成本预算时，要使投入与产出保持一定的比例，以保证短期效益与长期效益相协调。

④制定树体管理指标。果树是多年生植物，本身就是重要成本，因此，应考虑果树自身成本的投入问题，确定年内树相指标，以保证果树较长的经济寿命，避免“杀鸡取卵”的做法。

确定年度管理目标后，要根据管理目标和物候期制定出果园管理工作历和病虫防治历，安排好年内生产计划，包括劳动力、物资和资金计划等。同时，建立相应的组织机构，组织协调和监督计划的实施。

**3. 农机具检修**　为保证下年度生产的顺利进行，在休眠期要对农用机械、工具（包括拖拉机、中耕除草机、喷药器械和农用工具等）、配电设备及线路、灌溉设备和水渠等进行检修和维护。无法维修的要重新购置。

**4. 准备生产资料**　根据下年度工作计划，同时要做好化肥、农药、机械用油等物资的准备。大型果园可利用果树休眠期广开肥源，搞好积肥工作。

# 第四章 苹果园春季管理
## （3～5月）

俗话说，一年之计在于春。春季是一年的起始，也是苹果树开花坐果的季节。春季管理的好与坏对当年及第二年的生长发育影响极大。苹果园春季管理主要内容包括修剪、花果管理、施肥灌水、病虫害防治等。

## 一、修 剪

### （一）延迟修剪

延迟修剪，就是把冬季修剪推迟到萌芽之后至新梢生长到5厘米以前进行。可起到缓和树势、减轻冬季低温造成的损失的作用。对于幼旺树，特别是萌芽率、成枝率低的品种，为了缓和生长势和提高萌芽率及成枝率，可将冬剪推迟到萌芽期或萌芽后进行。另外，越冬冻害、抽条比较严重的地区，也可采用延迟修剪，这样可避免剪口枝芽抽干，便于对抽条进行清理和调整。延迟修剪的方法和冬剪基本相同（参见果园冬季管理）。但应注意两点：一是延迟修剪只能在旺树、旺枝上进行；二是通常经过连续2年的延迟修剪，便可缓和树势、枝势，第3年则应转入正常的冬季修剪，否则会过分削弱树势和枝势，影响幼树正常生长。

### （二）花前复剪

花前复剪是在冬剪基础上，于花芽萌动期至花前进行的补充修剪。花前复剪的主要任务是调整花量、克服大小年结果现象，达到优质、稳产和高产的目的。

**1. 内容**　苹果花前复剪的内容很多，主要有：①调整花叶芽比例。对串花枝，根据长势和空间进行修剪，一是可留2～4个花芽回缩；二是疏间花芽，疏去花蕾，留下莲座叶，调整花芽叶芽比例为1∶4～5。破除大年结果树中、长果枝顶花芽，达到以花换花、平衡结果的目的。对花量少的小年树，要尽量保留花芽；对长势过弱的结果枝组，视密度予以疏除，或回缩复壮；对弱枝、弱花进行疏除，只保留健壮短果枝或少量中果枝顶花芽。②改善通风透光条件。对树冠外围过密处的枝（枝组）适当疏除过强或过弱的，使其多而不密，壮而不旺，合理负载，通风透光。对冬剪漏剪的影响树体结构的重叠枝、竞争枝、反向枝、并生枝、密生枝，均应疏除；对较直立的营养枝实行压向两侧，以改善树体风光条件。③复剪冬剪时留得过长的枝，以削弱顶端优势，控制旺长，或从基部变向扭别，缓和生长势，促生花芽。④果台枝着生花芽的，可留壮枝；不是花芽的可回缩破台，过旺的可从基部隐芽处短截，空间大的可截一放一。⑤小年结果树，中截中、长枝，以枝换枝，控制次年花量，目的是次年不出现大年现象。

**2. 花前复剪的顺序**　先剪花芽多或物候期早（花芽显现早）的弱树，后剪花芽少或物候期晚的幼树、壮树。对一株树而言，先剪上部、内部枝，后剪下部、外部枝。

**3. 注意事项**　一要根据树体的花量进行修剪。苹果大年树和小年树复剪方法不一样。大年树，花芽过多，花芽比例过高，通过花前复剪，回缩串花枝和疏除过密的花芽，适当减少花芽，达到调节负载量，克服大小年现象的目的。小年树只做局部的调整，修剪要轻。二要根据树势进行修剪。旺树枝叶量大，冬剪时往往留枝过多，花前可做进一步的调整。三要区别品种。品种不同，形成花芽的比例和密度不同，复剪的轻重也有所差异。

### （三）夏季修剪

夏季修剪在果树生长期中进行，又称生长期修剪。夏季修剪对苹果树的花芽分化、开花结果及果实发育具有重要的影响，因此，是苹果周年管理中的一项重要内容，应引起足够的重视。

**1. 内容**

**（1）刻芽** 刻芽又称目伤，指在春季苹果树萌芽前，在芽的上方（或下方）0.2～0.3 厘米处，用刀或剪刻一月牙形切口，深达木质部。刻伤可明显提高枝条萌芽率，增加枝量，缓和枝条生长势。目前，苹果幼树修剪较轻，延长枝剪留长度比较长，有些枝条中、下部的芽不萌发，形成光秃现象。因此，生产上对苹果幼树常要进行刻芽。在一个长枝上，先端几个芽，由于存在顶端优势，一般会萌发，不必刻芽，而基部又不需要发枝，也不必刻芽。因此，只需在枝条的中部进行，可减轻工作量，也避免由于刻芽过密，影响新梢生长。在幼树整形中，有时在某一方向缺枝，形成偏冠，可在缺枝的方位，进行刻芽处理，以促发枝条进行纠正。在对水平枝进行刻芽时，要刻在背上芽的下方，其他方位的芽刻在芽的前面，以减少背上旺枝的产生。

**（2）除萌疏枝** 从春季至初夏将无用或有害的枝除去，称为除萌。在萌蘖长出 5 厘米左右时，及时抹除剪锯口周围的萌蘖，对有生长空间的平斜枝，选留 1～2 个进行培养。疏除背上过密、过旺新梢，对交叉、重叠的冗长枝进行疏剪或回缩，以节省营养、改善光照条件。

**（3）多道环刻** 为防止秃裸，萌芽前，对长势比较强旺的枝进行处理。即在需出枝的地方，用环割刀或修枝剪环刻一圈，深达木质部，也可每隔 15～20 厘米环刻一道。此方法可促生大量中、长枝，防止光杆枝发生，其作用与上述刻芽相似。

**（4）摘心** 生长季节摘去新梢顶端幼嫩部分的措施叫摘心。对旺盛生长的新梢或背上徒长枝在成熟叶片处短截（摘心），可增加分枝、促进枝组和花芽的形成。摘心的效果与摘心程度和摘心次数有关。果台副梢生长量较大的品种，经副梢摘心后可提高坐果率，并促进果实发育。生长量大的幼树，对各级延长枝在40厘米长时摘心，促发副梢，可增加骨干枝的级次，增加枝量，有利迅速扩大树冠。有的品种（如金帅），在副梢上形成花芽，是提早结果的一种方法。苗圃嫁接苗培育中，夏季摘心，可促发副梢，培育带分枝的苗木。

**（5）扭梢**　5月中、下旬至6月上、中旬在新梢半木质化时，用手指捏住背上直立枝、竞争枝的半木质化部位慢慢地扭曲，使新梢改变生长方向，呈斜生或下垂状态。扭梢后枝条营养生长势受挫，可控制新梢的长度，促发短枝，促进花芽形成。扭梢后，被扭曲部位应保持圆润状态，无劈裂、折断现象，切勿伤及叶片。

**（6）环剥或环割**　在5月中、下旬新梢缓慢生长期，对旺树、旺枝进行环剥和环割，有控制营养生长、促进果实发育和花芽形成的作用。倒贴皮和大扒皮的作用与环剥和环割相似，生产中可灵活运用。但在应用中应注意以下几个问题：

①目的。以促进花芽形成为主要目的时，环剥和环割应在5月中旬至6月上旬进行。处理后生长势仍很旺时，可在1个月后再进行1次环剥和环割。

②次数。根据环剥后的长势确定环剥次数。对长势旺的树，应环剥1～2次。环割的作用弱于环剥，在运用环割时可进行多道环割，一般在主干上环割2～3道为宜，间距10厘米左右。但应注意对于愈合能力差的品种（如红星品种）一次环割道数不能多于2道。

③干径。进行主干环剥的幼树干周应大于20厘米。

④品种。对元帅系幼树主干环剥、环割要慎重，主干环剥最好留有安全带（留下1～2个窄条不剥通）。主干环割以1道为宜，若环割2道，则间距至少在10厘米以上。

⑤宽度。环剥宽度以枝干粗度（直径）的1/10～1/8为宜，或以剥后15～20天后愈合为度。

⑥保护环剥口。环剥后要注意防止甲虫或棉铃虫为害剥口，影响愈合。若发现剥后15天，剥口仍不愈合，应用塑料薄膜包扎剥口，以促进愈合。

**（7）拉枝开角**　进入5月份以后，枝条组织柔软，是拉枝开角的好时机。此期采用撑、拉、坠、别等措施开张角度，改变枝条生长方向，可以缓和旺枝及直立枝的生长势，改善光照条件，促进果实发育和花芽分化。开张角度要适度，不能强拉、硬撑，以防大枝折断劈裂。较粗大的直立枝可先软化后再拉枝。过分粗大的直立枝，可在距大枝基部10～20厘米处的下侧连锯2～3个锯口，深度为枝粗的1/3，锯口间距2～3厘米，锯后再进行拉枝开角。

**（8）拿枝软化**　又称捋枝。春、夏枝条柔软时都可应用。方法是一手握拿直立枝或斜生旺枝的下部，另一手握其上部，以拇指抵枝，向下慢慢弯曲，伤及木质部，响而不折，不断向前移动，直到梢部，再从基部开始，重复1～2次。捋枝后枝条变为水平或下垂，加上木质损伤，生长缓和，侧芽充实，容易形成花芽。拿枝软化常用于苹果幼树各类枝条的开张角度、控制其生长势和促进花芽分化等。

**2. 注意事项**

**（1）夏剪对象**　夏季修剪的主要作用是缓和树势、枝势，促进花芽分化，提高坐果率，因此夏剪的主要对象是幼树、旺树和旺枝。

**（2）夏剪时间**　夏剪虽在生长期进行，但应根据不同目的在不同时间进行。过早，不利于树体生长；过晚，则不利于花芽形成。

**（3）控制夏剪量**　由于夏剪正值苹果树生长旺季，既是消耗养分和制造养分的旺盛时期，也是营养生长和生殖生长矛盾最突出的时期，因此，修剪量不宜过大，以免因修剪过重去枝过多而削弱树势或造成冒条。

## 二、栽　　植

### （一）园地选择和规划

**1. 园地选择**　根据苹果品种对环境条件的要求，选择适宜的立地条件建园才能发挥品种的优良特性。园地选择时应执行中华人民共和国农业行业标准 NY/T441—2001。该标准中园地选择的相关内容：年平均气温 8～14℃，绝对低温不低于－25℃，1 月份平均气温不低于－10℃，年降雨量 300～800 毫米，土壤肥沃，有机质含量在 1.0％以上；土层深厚，活土层在 60 厘米以上；地下水位在 1.5 米以下；土壤 pH6.0～7.5，总盐量在 0.3％以下；坡度低于 15°，坡度在 6°～15°的山区、丘陵，选择背风向阳的南坡，并修筑梯田。

**2. 规划**　选好园地后要进行规划，包括栽植小区的划分，道路、排灌系统和防护林设置，果品包装贮藏场所及办公等用房的安排等。园地选好后，应进行土壤深翻熟化和改良工作。中华人民共和国农业行业标准 NY/T441—2001 中规定：平地、滩地和 6°以下的缓坡地，栽植行以南北向为好，但 6°～15°的坡地，栽植行向与等高线相同。配备必要的排灌设施和建筑物。有风害地区，应营造防风林。

### （二）优良品种的选择和授粉树的配置

**1. 优良品种**　建园前应有长远眼光，选择有发展前途、适合当地自然条件的优良品种建园。目前主要优良品种有：

**（1）早熟品种**　早捷、贝拉、藤牧 1 号、美国 8 号和辽伏等。

①藤牧 1 号。原产美国。20 世纪 80 年代初引入日本，1986 年引入我国。

果实圆形或长圆形，平均单果重 200 克左右。底色黄绿色，果面着红色条纹。果肉质脆，香味浓，汁液多，酸甜可口，品质上。果实发育期 90 天左右。成熟期为 7 月上中旬。

树体生长健壮，萌芽率高，成枝力较强，易形成腋花芽，坐果率高，以短果枝结果为主。早果、丰产。

适应性、抗逆性均较强，未发现日灼、霉心病和苦痘病等病害。以中度密植为好，与秦冠、元帅系等皆可授粉。注意疏花、疏果，以留单果为主，应适时采收，避免遭鸟禽啄食。成熟期不一致，应进行分期采收。

②早捷。美国培育的早熟品种。1984 年引入我国。

果实扁圆形，底色黄绿色，果面鲜红晕，平均单果重 140～180 克。果肉乳白色，汁液多，品质上等。在郑州地区 6 月中旬采收。成熟期不一致，可分期采收。

树势健壮，枝条粗壮，叶片大，有腋花芽结果能力。初果期以腋花芽结果为主，以后转为以短果枝结果为主。

③麦艳。美国品种。1984 年引入我国。果实平均单果重 130 克左右。全面深红色，外形美观。在郑州 6 月 5 日即可成熟上市，属目前最早熟品种。

该品种结果早，3 年生亩产可达 500 千克。抗早期落叶病，果实病害轻。

④贝拉。美国培育。1979 年引入我国。

果形稍扁，平均单果重 150 克左右。底色淡黄绿色，完全成熟可全面着色，果面有一薄层灰白色果粉，品质中、上。果实在郑州 6 月下旬成熟。在冀北、山西 7 月上、中旬成熟。是美国、法国、加拿大推广的早熟品种之一。

树势中庸，易形成花芽，3 年生即可开花结果，坐果能力中等。

⑤美国 8 号。美国品种。果实近圆形，平均单果重 180～200 克，最大 650 克。果面光洁无锈，底色乳黄，着鲜红色霞，可溶性固形物 14%。果实于 8 月上旬成熟，果实采后可贮藏半

个月至1个月。

树势强，萌芽率中等，成枝力较强，成花容易，结果早。初期以长果枝和腋花芽结果为主，后转为以短果枝结果为主。采前落果轻。

**（2）中早熟品种**　主要有红津轻、珊夏、发现和嘎拉等。

①红津轻。津轻是日本青森县苹果试验场培育。母本为金冠，父本不明。红津轻是津轻的芽变。在日本是除红富士外，栽培面积最多的苹果品种。

果实中等大小，平均单果重180克左右。果实圆或近圆形，果实底色黄绿、全面被淡红色条纹。果肉黄白色，酸甜适度。成熟期在石家庄为8月中旬左右。红津轻属乔化品种，长、中、短果枝结果，有腋花芽结果习性。初果期长果枝较多，正常结果后以短果枝结果为主。花芽形成容易。

红津轻采前落果严重。在成熟前25天，喷施30～40毫克/升的奈乙酸钠或盖万宝可降低采前落果率。

②珊夏。新西兰和日本共同育成。日本认为可替代津轻。

果实中、大，果重200克左右。底色绿黄，果面鲜红色，有条纹。成熟期比津轻早一周左右。在山东中部地区8月上、中旬成熟。

③皇家嘎拉。新西兰品种，是嘎拉的浓红型芽变。

果实圆锥形或圆形，单果重150～180克。果实的底色金黄，着鲜红色条纹或桃红色晕，品质上等。8月上、中旬成熟。耐藏性较强。采前遇雨会引起裂果。

树姿较开张，萌芽率、成枝力中等，成花容易，结果早。以短果枝结果为主，有腋花芽结果习性，坐果率高。

④金红。又名吉红、公主岭123。由吉林农业科学研究所以金冠×红太平杂交选育而成的中型苹果。单果重约70克，大小整齐，果实卵圆形，两端平截，果皮黄色，有红色条纹。果肉黄色细腻，果汁中多，味道微酸，有香味。抗寒性强，是寒冷地区

早熟苹果的首选品种。

**（3）中晚熟品种** 主要包括元帅系及其短枝型。如新红星、首红、魁红、超红和艳红等；金冠系及其短枝型，如矮黄和金矮生等；还有陆奥和明月等。

①新红星。红星的短枝型芽变品种。适于密植，一般栽植株行距为 2 米×4 米。果实长圆锥形，五棱突起，果个中、大，平均单果重 200 克，疏花果后可达 250～300 克，果色鲜红。成熟期 9 月上、中旬。

该品种树冠较小，萌芽率高，成枝力弱。结果早，坐果率较低，有采前落果现象。新红星苹果果形美观、色泽艳丽，商品名蛇果，是美国出口大宗商品。但是，果实风味较淡，一般的贮藏条件，果肉容易变绵。近年来栽培比重有所下降。

首红是新红星芽变品种，属第四代红星，着色好，成熟期比新红星早 7～10 天。

②金冠。又名金帅。著名的美国品种。果实圆锥形，个大，平均单果重 190～250 克。果肉黄色细腻，果汁中多，味甜酸适口，香味浓郁，品质极佳，果皮底色黄绿，成熟后金黄色。9 月上、中旬成熟。金冠曾是最重要的优良栽培品种，由于在一些地区表现欠佳，生产上的比重越来越少。其主要问题是在比较温暖地区，风味淡，偏酸，果实硬度小，非气调贮藏条件下，硬度更差，而且烂果病害比较严重。在春季湿度较大的地区，果锈比较严重，需要早期果实套袋解决。该品种生长比较缓和，生长势比较容易调控，花芽容易形成，产量高，在北部较冷凉的地区和山区，果实能表现该品种优良特性，应该适当栽培，以满足市场多样化的需要。

金矮生是金冠短枝型芽变品种。萌芽率高，成枝力低，结果早。比金冠树体小 1/3～1/5，适于密植。金矮生果实果锈发生与金冠相近或稍重于金冠，贮藏时易皱皮。品质不及金冠。金矮生有复原现象，复原率有时可高达 30%。育苗时应从短枝性状良好的树上采接穗。花期与新红星相遇，可互为授粉。

**（4）晚熟品种**　主要包括红富士及其短枝型、乔纳金、王林、寒富、粉红女士、澳洲青苹等。

①红富士。富士是日本以国光和元帅为亲本杂交育成的品种。红富士是富士的着色芽变。红富士果实分为条红、片红。果实圆形或近圆形，果实大，平均单果重250克左右。果实底色黄绿，果面鲜红色，果肉黄白色，肉质细脆、多汁，酸甜适度，具芳香，可溶性固形物含量高，品质上等。成熟期10月下旬至11月上旬，果实耐贮藏，是优良的晚熟品种。但也有幼树越冬性差、易感轮纹病、生长势旺、花芽形成困难等缺点。

红富士自1980年有规模地引进以来，在全国已代替了原有的主栽品种，成为栽培比例最大的骨干品种，因其优良的品质，深受消费者的青睐，在国际市场有较强的竞争力。尽管存在一些缺点，但目前尚无更新替代品种，在一定时期内，仍然是主要推广品种。今后应该利用富士的遗传多变性，选择适合本地生态条件的优良芽变。

红富士是富士着色优良芽变的通称。其芽变有三种类型：优良着色系如长富2号、岩富10号、烟富3号、天红1号等；短枝型如惠民短枝、礼泉短枝富士、烟富6号、天红2号等。树势生长缓和，树冠紧凑，花芽形成容易，适于密植栽培（参见图版）。早熟型如红将军、弘前富士、昌红等，成熟期可提前到9月中、下旬，不仅可提前供应国庆节市场，而且比较适合生长季短的地区，克服这些地区富士果实不能正常成熟的问题。

②乔纳金。为金冠×红玉的杂交后代。果实单果重210克，红色，成熟期10月上、中旬。乔纳金有许多芽变，如红乔纳金、新乔纳金、黑乔纳金等。乔纳金在气温较高的平原地区，表现着色不良，果实容易早衰，风味偏酸，市场上不受欢迎。而在比较冷凉的山区，果实着色艳丽，甜酸适口，有特别的香味，能表现其优良的品种特性，可以推广。

③王林。为金冠×印度的杂交后代。果实中大，平均单果重170克。果实黄绿色，果点大，形状圆锥形或长圆锥形，含糖量高，有蜜的香味，品质佳。成熟期在10月上、中旬。是重要的黄色品种，也是富士最好的授粉品种。光照特别好时，果实亦能着色，果面有红晕。生长势较强，嫁接在矮化砧木上，矮化效果较好。

④寒富。沈阳农业大学李怀玉教授用东光×富士杂交选育而成。果实短圆锥形，果形端正，全面着鲜艳红色，单果均重250克以上，最大果重已达900克。果肉淡黄色，肉质酥脆，汁多，味浓，有香气，品质上，耐贮性强。果实成熟比国光和富士早。树冠紧凑，枝条节间短，短枝性状明显。有腋花芽结果习性，早果性强，适应于密植栽培。抗寒性明显超过国光等大型果，是寒冷地区栽培的重要品种。

⑤粉红女士。又名粉红佳人、粉红玫瑰。由澳大利亚用威廉姆斯小姐×金冠杂交育成。果中大，近圆柱形，粉红色，鲜食品质佳，果实硬度大，可溶性固形物含量高。晚熟，一般在10月下旬成熟，耐贮藏。在果形、颜色和风味上均有特色，适合欧美市场需要，在黄土高原苹果产区有栽培。

⑥澳洲青苹。澳大利亚品种。果实短圆锥形，成熟后仍保持青绿色，味酸，多汁，是优良的制汁品种。

⑦斗南。日本品种。果实大，果形端正，圆锥形，全面着浓红色。肉质较硬，味甜，品质上，耐贮性强。生长势强，但易缓和，花芽形成容易。易发生霉心病。

**2. 授粉树的配置**　苹果为异花授粉异花结实树种，需配置授粉树。适宜的授粉品种应具备的条件为：经济价值高、花期长，并与主栽品种花期相近、花量大、花粉多，同时与主栽品种授粉亲和力强。如果园中存在三倍体品种如乔纳金、北斗、陆奥等（三倍体品种捻性花粉率极低），须配置2个授粉品种。授粉树的配置方式一般在平地果园以不等行配置为主，每4～5行配置1行授粉树；在山地果园可采取中心配置，即每8株主栽品种的中间，栽植1株授粉品种。

### （三）选用脱毒苗、矮化砧苗

应用脱毒苗、矮化砧苗进行无病毒矮化密植栽培是苹果生产的发展趋势，也是生产优质果品的重要手段。脱毒苗指已脱除国家规定的6种潜隐或非潜隐病毒的苗木，具有树体生长健壮、整齐、萌芽率和成枝力强、树冠扩大快、产量高、肥水利用率高优点，因此，建园时宜应用脱病毒苗木。但是，脱毒苗生长势旺，生长量大，栽植距离应加大，最好用矮化砧木。由于幼树生长偏旺，增加了越冬抽条的风险，应加强生长势的控制，防止越冬抽条，并及早采取控旺促花措施，适期结果。否则，树冠过大的问题更加突出。

应用矮化砧木是苹果密植栽培的主要途径。矮化砧苗主要有矮化自根砧苗和矮化中间砧苗两种。矮化砧木种类很多，国外应用较多的矮化砧木为M26、M9等，在我国由于立地类型多，环境间差异大，国外一些矮化砧木存在在某些地区适应性差等问题，所以，应根据栽培地点的立地条件，选择适宜的矮化砧木。在寒冷地区可用耐寒性强的半矮化砧木——GM256。幼树越冬容易产生抽条现象的地区，可用矮化和半矮化的SH系砧木；冬季不会出现抽条的地区，可用矮化砧M26；气候温和、土壤肥沃、管理条件好的地区，可用M9。

### （四）合理密植

合理密植可以提高土地和光能利用率，有利于苹果的早产、丰产、优质。确定栽植密度时应综合考虑立地条件、品种、砧木、管理水平等因素。苹果的栽培密度一般为：乔砧上接普通型品种，株行距宜3米×5米至4米×6米，每亩28～44株；半矮化砧（M7、MM106）上接普通型品种或乔砧上接短枝型品种，株行距宜 2 米×4 米至 3 米×5 米，每亩 44～83 株；矮化砧（M26、M9）上接普通型品种或半矮化砧上接短枝品种，株行距宜 1.5 米×3.5 米至 2 米×4 米，每亩 83～127 株。在平地、肥沃土壤上建园密度宜小些，在山地、瘠薄土壤上建园密度宜大些。

### （五）栽植技术及栽后管理

**1. 栽植时期** 苹果树栽植以春栽为主。春季栽植宜在土壤解冻后至苗木萌芽前进行。

**2. 苗木的选择与处理** 栽植前要对苗木进行严格的选择，即选择优质苗建园。优质苗的标准是根系发达，具有较粗的主、侧根 4～5 条，长度在 20 厘米以上，且具有较多须根；整形带内芽眼饱满而充实；苗高不低于 1.2 米，基部直径 1.2 厘米以上。

栽植前要核实品种，剔出劣质苗木，并对根系进行修剪，剪去伤根后，在栽前用 1%～2%的过磷酸钙溶液或清水浸泡根系 12～24 小时，使之充分吸水，并蘸泥浆保湿。

**3. 挖定植穴** 春栽最好在前一年秋季挖定植穴。穴深 60～80 厘米，直径 80～100 厘米。对株距小于 2 米的，可顺行挖定植沟。

挖定植穴时，表土、底土分开堆放。栽苗前 5～10 天结合施底肥回填。一般先在穴底填 20 厘米厚的秸秆、杂草等，然后填表土与底肥混合土，填至距离地面 20 厘米处灌透水沉实。底肥以有机肥为主，一般每穴施有机肥 50 千克、磷肥 2～3 千克或加饼肥 2～3 千克。

**4. 栽植方法** 栽植前将沉实的定植穴底部堆成馒头形，并踩实，一般距地面 25～30 厘米。将苗木放在馒头形土堆上，舒展根系，扶正标齐，随后培土，轻轻提苗并踏实。栽植后，做一个直径 1 米的树盘，随后灌小水，待水渗后盖地膜保墒。栽植深度以苗木在苗圃时的深度为宜，注意嫁接口要略高出地面。矮化中间砧苗木的中间砧要露出一半，自根砧苗的接口也应露出地面5厘米以上。栽植过深，苹果品种部分埋入土中，接穗容易生根，失去矮化效应。M26中间砧茎段，容易产生日灼，引起枝干病害，因此也不宜栽植过浅。

**5. 栽后管理**

**（1）定干**　按整形要求及苗木质量进行定干。一般定干高度为80～100厘米。

**（2）套袋**　在定干后套上1个纸筒或塑膜筒，以减少苗木蒸发失水，提高成活率，又可防止金龟子啃食嫩芽，但萌芽后要将其撕破，3～5天后除去。

**（3）目伤**　定干较高的苗木，为促发分枝可进行目伤、涂发枝素或抽枝宝等。

**（4）加强肥水管理**　苗木栽植后为确保成活，要保持良好的土壤墒情。当苗木新梢长到15～20厘米时，可追施少量的速效性氮肥。一般株施尿素0.1千克，20天后再追施0.1千克。进行2～3次叶面喷肥，喷施0.2%～0.3%的尿素加叶面宝或旱地龙。苗木成活后适时灌水是保证幼树健壮生长的关键。5月份半干旱少雨地区，视墒情灌水1～2次。灌水可结合追肥进行。

**（5）中耕除草**　灌水后在树盘内中耕除草、松土保墒。中耕深度5厘米左右。

**（6）补苗**　发芽后检查成活情况，发现死株即用假植苗补齐。假植苗可选与定植相同的苗木，栽在用编织袋制成的营养钵里，集中栽在一起，作为夏季补苗用。

**（7）合理间作**　选择矮秆、浅根、与果树无共同病虫害或中间寄主的作物进行间作。留出1～1.5米的树盘，要注意给间作物增施肥水。

**（8）病虫防治**　此期间主要害虫有红蜘蛛、蚜虫、卷叶虫和潜叶虫等，要及时喷药防治。

**（9）树上管理**　苗木成活发芽后，抹除基部萌蘖和主干上

40厘米以下的分枝。对整形带内的分枝，选留顶端直立旺枝作中心主枝延长枝，对其下部相邻近的竞争枝采取拉枝开角、摘心等措施，控制其生长势，对整形带内的其他新梢，可拿枝软化开张角度，或在新梢长到20厘米左右时，先将基部软化，再用牙签对枝梢定开，保持半开张的角度。

## 三、播种、嫁接及苗木出圃

### （一）苗圃地的选择

**1. 苗圃地的选择**　苹果苗圃地以选择土层深厚、肥沃、中性或微酸性的沙壤土为好。要求地势平坦、高燥，排灌条件良好。无为害苗木的病虫，且不能重茬，育过苗的地要经过3～4年轮作后才可再育苗。

**2. 苗圃地的准备**　冬前或早春土壤解冻后耕翻，深度30厘米以上。施足底肥，每亩施入优质有机肥3 000～5 000千克、过磷酸钙40～50千克或磷酸二铵20千克。为预防立枯病、根腐病和蛴螬等，结合整地每亩喷洒五氯硝基苯粉和甲敌粉各3千克。耕翻后整平耙细，按播种要求及起苗方式做畦。一般人工起苗畦宽1～1.2米，长10米左右，畦埂宽30厘米。

### （二）砧木苗培育

**1. 实生苗培育**

**（1）砧木选择**　根据砧木的特点及当地立地条件，选择适宜的砧木类型。如山定子做砧木，抗寒性强，但抗盐碱能力弱；八棱海棠做砧木，抗盐碱能力较强，树体高大，但抗涝性较差。

**（2）种子催芽播种**　砧木种子经过沙藏处理后，当气温达到5℃以上，5厘米地温达到7～8℃时，华北地区在3月中、下旬即可播种，南早北晚。播种量因砧木种类和种子质量不同而异。一般山定子和八棱海棠每亩 1.0～1.5 千克。播种前将沙藏种子放于温暖、潮湿条件下催芽，当有一半种子“露白”时即可播种。

播种的方法多采用带状条播。畦宽 1.5～1.6 米，每畦播 4 行，窄行行距 25～30 厘米，宽行（带距）40～50 厘米。播种沟深 2.5 厘米左右。沟内浇小水，水渗后播种覆土，上面撒一层细沙或一薄层作物秸秆，防止土壤板结。苹果砧木种子为小粒种子，出土时拱土能力很差，给播种带来一些困难。因为播种比较浅，在早春干旱条件下，很不容易保持种子出苗过程的湿度，苗木出齐前又不能浇水，否则土壤板结，影响苗木出土。解决的方法是：①充足的底墒；②适时播种，地温合适，种子状态好，已开始发芽；③播种沟坐底水；④播后覆小垄，局部加深了播种深度，提高了保水能力；⑤当种子部分发芽，开始出土时，再平去小垄。这样既满足了种子发芽出土的湿度要求，又不影响种子出土，适合北方春季干旱条件下应用（图 4－1）。

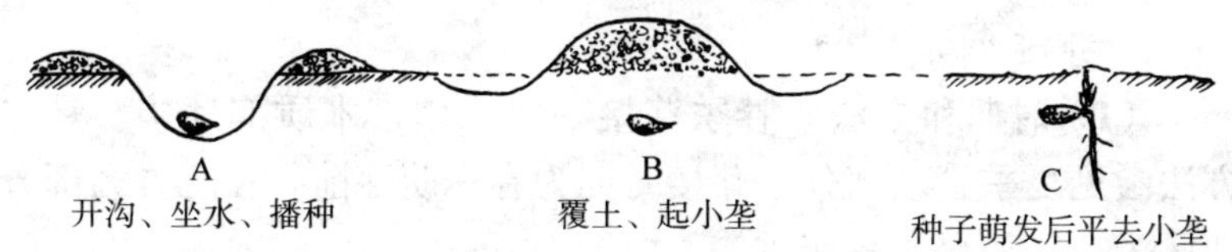


图 4－1 覆垄播种法

为加速苗木生长，可加盖地膜小拱棚，效果极佳。但须提前播种，过晚气温太高，容易伤苗。

**（3）播后管理** 苗木长到 5～6 片真叶时进行一次间苗，株距 15 厘米左右。间苗后每亩追施尿素 5 千克或磷酸二铵 5 千克。追肥后浇水，并中耕松土。注意防治苗期立枯病、白粉病、缺铁黄叶病和蚜虫等病虫害。结合病虫害的防治，于叶面喷施 0.3％ 的尿素。为促进苗木加粗，在苗高 20 厘米时摘心。

**2. 矮化砧木苗培育** 矮化砧苗培育方法有水平压条法、直立压条法、扦插法及组培法等。生产中常用水平压条和直立压条法。

**（1）水平压条** 将矮砧母株与地面成45°夹角栽植。春季将矮砧母株上充实的一年生长枝水平压倒，用木钩固定于深为2～3厘米的浅沟中，待芽萌发后，抹除位置不当的芽。当留下的芽生长到30厘米左右时，培湿土或锯末于新梢基部，高度为10厘米左右，20～30天后即可发根。1个月后再培土1次，土厚达到20厘米左右。秋季扒开土堆，剪下生根的小苗即为矮化自根砧苗。

**（2）直立压条** 将矮砧母株与地面成90°夹角栽植。春季萌芽后，当新梢长到15厘米左右时进行首次培土（5厘米厚），1个月后当新梢长到30厘米左右时再次培土到15～20厘米厚，当苗高50厘米时再培土。秋季落叶后扒开所培土堆，从母株上分段剪下生根的小苗即为矮化自根砧苗。

### （三）嫁接

#### 1. 芽接

**（1）时期和方法** 春季芽接一般采用带木质部芽接，具体方法参见夏季管理部分。芽接时期为春季萌芽前，在北方大部分地区为3月初至4月初。

**（2）接后管理** 秋季芽接成活的苗木，在春天萌芽前或土壤解冻后剪砧。剪砧可在接芽上方0.2～0.5厘米处1次剪去，不留活桩，以利接口及早愈合。秋季芽接未解绑的，结合剪砧除去绑缚物。冬前剪砧培土越冬的芽接苗，土壤解冻后撤土，进行二次剪砧。

剪砧时顺便除去苗基部的萌蘖，随后清洁圃地，追肥灌水。一般每亩追施尿素10千克，或追施硝酸铵15千克。灌水后及时顺行浅锄一遍，松土保墒。

对春季芽接的苗木，要及时除萌以利接芽成活；接后15天左右灌一小水；接后1个月应及时解绑，检查成活率，对未成活的应补接或留作夏季芽接。

**2. 枝接**

**（1）接穗的采集与处理**　接穗应自品种纯正、生长健壮，具备丰产、稳产、优质性状、无病毒病和检疫对象母本树上采集。最好采集树冠外围的一年生发育枝。枝接接穗一般是结合冬季修剪时采集。采集后50根捆一捆，挂好标签，放于地窖或冷库中用湿沙土埋好或选背阴处挖沟沙藏保湿。

嫁接前取出枝条用清水冲洗干净，晾干表面水分后，剪成5～10厘米长的枝段。为防止嫁接后接穗失水以提高成活率，可先对接穗进行蘸蜡。蘸蜡以选用高熔点的工业石蜡为好。蜡温以95～105℃为宜。蘸蜡时速度要快，以免烫伤接芽。

**（2）枝接时期**　枝接在树液开始流动以后即可进行，在保证接穗不萌芽的前提下，嫁接时期越晚越好。在生产中枝接可持续到砧木展叶以后。

**（3）枝接方法**　枝接方法很多，生产中常用的主要有劈接、腹接和插皮接等。

①劈接。劈接法适用于砧木较粗或与接穗粗度相近的条件下使用。操作方法是将接穗下端相对的两面削成长约2.5厘米的楔形削面，削面的两侧应一侧稍厚些（一般有芽的一侧稍厚些），另一侧（对侧）稍薄，再用剪子或利刀在剪断砧木横断面的正中央垂直劈一个长约3厘米的切口，插入削好的接穗，较厚的一侧向外，使砧穗的形成层对齐，接穗削面上部露出砧木切面外0.3厘米左右（称露白），然后用塑料薄膜条绑紧封严。

②腹接。腹接是在砧木腹部进行枝接的方法。操作方法是先将接穗下端相对的两侧削成长短不等的两个削面。长削面长2～2.5厘米，短削面长1～1.5厘米，有芽一侧稍厚。然后在砧木腹部（嫁接部位）斜切一个比接穗长削面稍长的切口，深达砧木直径的1/3～1/2。随后插入接穗，长削面与砧木内切面形成层

对齐，剪掉上部砧木部分，最后用塑料薄膜条绑紧封严。腹接的接穗一般留 2～3 个芽，但嫁接苗培育，可以只留一个芽，又称单芽腹接。嫁接时，接穗不必事先剪成小段，也不用蘸蜡，按上述方法，将削好的接穗，插入砧木的切口里，留一个芽将接穗剪断，随即用薄的塑料膜条包扎，芽的部位只有一层膜，其余部分要包紧包严，保证接穗芽萌发后可以自由顶破薄膜，正常生长。单芽腹接的嫁接效率高，成活好，接后管理简单，可在生产上推广应用。

③插皮接。是大树高接和桥接常用的嫁接方法。需在砧木韧皮部与木质部离皮时进行。具体做法是在接穗下方削一个 2.5～3 厘米的长削面，轻轻刮去其背面的老皮，把削面下方 0.5 厘米左右削尖。然后，在砧木横断面或腹部光滑处用刀将皮层轻轻撬起，将接穗长削面向内侧插入砧木的木质部和韧皮部之间，上部露白 0.3 厘米左右。随后绑缚密封。

枝接技术直接影响嫁接的成活率，在操作过程中要掌握好砧木切口、接穗削面要平滑无毛刺，接穗和砧木形成层要对齐，绑缚要紧，密封要严，整个操作过程速度要快。

**（4）接后管理** 随着嫁接苗的生长，砧木基部会长出许多萌蘖，应反复抹除以促进接穗生长。对春季枝接的苗木，待接穗（或芽）成活后应及时解绑。接穗上萌发多个新梢时，选留 1 个生长势强的进行培养，再留 1 个摘心控制其长势，其余的及早疏除。

5 月上、中旬追肥、灌水。一般每亩追施尿素6～8 千克。追施后灌水，并适时中耕除草。注意防治病虫害。结合喷药，于叶苗喷施 0.3%的尿素等，以促进苗木生长。

**3. 大树高接** 多头高接是改种换优和改接授粉品种的良好方法。一般是在春季树液流动、枝条离皮后进行。多头高接时根据砧树的树体结构，对各级骨干枝（中心主干、主枝、侧枝）、大型辅养枝和大枝组 1 次改接完成。接前对各类需嫁接的枝子在适宜粗度处锯断，然后综合运用劈接、腹接和插劈接等方法嫁接。尽可能多部位嫁接。嫁接时对接口断面较粗的，可在同一断面上接 2～4 个接穗，一般断面接 1～2 个接穗，以利接穗成活和断面伤口愈合。

接后管理措施：

**（1）除萌**　高接后会萌生大量萌蘖，要多次进行除萌蘖工作。当树上的新梢量较少时，为防止大枝干日烧，可暂时留下少量弱萌蘖后进行枝干涂白。

**（2）解绑和绑支棍**　接穗成活后，当新梢长到 20 厘米左右时解绑，以防接口处加粗而出现绞缢现象影响生长。

解绑后由于接口未愈合牢固，受风害或人为碰撞易劈折，因此，要绑支棍加以支撑固定。

**（3）新梢选留和生长势的调控**　不同高接方式管理有所不同。2～4 年生树，主干直径小于 10 厘米时，进行主干高接，在距地面 50～60 厘米处截干，枝接 2～3 个接穗，成活后选留其中一个生长旺的作为新的植株，其余的及时扭伤压平，保证新植株旺盛生长，冬剪时按树形要求进行严格的整形。主干直径大于 10 厘米时，在各个主枝上重短截后进行多头高接，接穗多具有 2～3 个芽，每个接口一般接 1～4 个接穗。因此，成活后萌发新梢数量较多、长势强，如不及时控制长势、调整新梢的分布方向，会影响树体结构。一般在新梢长到 20 厘米左右长时，根据树体结构的要求选留新梢，调整其伸展方向，促进形成树冠骨架。其余新梢尽量保留，但要摘心、扭梢、拿枝软化等控制长势，促生分枝。冬剪时亦要严格整形，疏除多余的新枝，控制竞争枝，3～5 年可恢复树冠和产量。

### （四）苗木出圃

苗木出圃多在秋季落叶后土壤结冻前进行。冬季较温暖的地区也可于春季土壤解冻后出圃。起苗前要进行品种核对和数量调查，土壤干燥的先灌 1 次水。要做好起苗前准备，如准备工具、包装用品和标签、捆绳等。

起苗应分品种进行。起苗时从苗旁 20 厘米处开沟、深铲，苗木根系保留 20 厘米以上，防止根系劈裂或过短，尽量多带侧根、细根。操作时要轻拿轻放，切勿碰破苗木皮层。

起苗后按苗木国家标准分级。每 25 株或 50 株一捆，挂好标签，标明品种、等级和数量等。需要远途调运的苗木，要防止风干失水。需要较长时间存放的苗木，可挖沟将根系埋沟内临时假植。

## 四、花果管理

### （一）疏花

疏花是提高坐果率、改善品质和保证稳产的有效措施。疏花的时间越早越好。人工疏花包括疏花序和疏花朵两个过程。人工疏花序是在花前 5～7 天、花序分离期进行。方法是用疏果剪或手疏去过多、过弱的花序。优先疏去弱枝花、梢头花；过密花序可隔 1 去 1，或按距离 15～20 厘米左右留 1 个花序。疏花序时注意保留果台副梢和莲座叶。

人工疏花朵是在气球期至花期进行。一般每花序只保留中心花和 1 朵较好的边花，将其余的花朵全部疏去。生产中多结合疏花朵采集花粉。

经过疏花序和疏花朵，留下的花朵量只有目的留果量的 2～3 倍，从而既可大大减少留花过多造成的额外营养消耗，又可以减轻花期人工授粉的工作量，并可显著提高坐果率。

### （二）做好授粉工作

**1. 人工授粉**

**（1）花粉采集**　在授粉树花处于铃铛花（气球花）时采集

花朵制粉。将采下的花朵带回室内取出花药，将花药放于光滑的纸上，摊成薄薄的一层，在18～25℃条件自然干燥（不要在强光下曝晒），1～2天后花药即开裂散出花粉，过细筛除去花药壁、花丝等杂质（人工点授可不过筛），收集花粉装在洁净、干燥的小瓶内，放于低温干燥处贮存。

**（2）授粉**　授粉分为人工点授、机器喷粉和液体授粉等几种方法。

人工点授是人工将花粉点在柱头上。授粉时间为花开放的当天，以授中心花为主。授粉工具可用毛笔、橡皮铅笔的橡皮头，羽毛或纸捻等。授粉时工具上蘸上少量花粉，在刚开放的苹果花柱头上轻点一下即可，蘸一下可授5～10朵花。为节省花粉，可加入滑石粉或淀粉等填充剂稀释，一般比例为1份花粉加4～5份填充剂。

机器喷粉是用农用喷粉器在盛花期对开放的花朵进行喷粉。机器喷粉效率高，但花粉用量大。喷粉时一般1份花粉加入200～300倍填充剂，混合后宜在4小时内喷完。

液体授粉是将花粉混入糖液中于50%花朵开放时用喷雾器喷洒到花朵上。花粉液的配方：花粉50毫克、白糖0.5千克、水10千克、硼酸10克和尿素30克。花粉液现配现用，配好后应在2小时内喷完。

**2. 花期放蜂**　苹果花为虫媒花，蜜蜂是天然传粉者。花期放蜂有利于花粉的传播，可提高授粉率。一般平地果园0.5～1公顷放一箱蜂即可，山地果园可适当多放一些。放蜂时间是花前1～2天开始，盛花末期结束。放蜂期间严禁喷洒杀虫剂，以免蜜蜂因中毒而死亡。此法效果高，成本低。

也可采用壁蜂授粉。苹果园用于授粉的壁蜂有角额壁蜂、凹唇壁蜂、紫壁蜂等。壁蜂1年1代，以卵、幼虫、蛹、成虫在巢管内越夏、越冬，可利用成虫在巢管外活动的约20天时间放蜂传粉。壁蜂开始飞翔传粉的气温为12～15℃，1天中以10～16

时飞翔传粉最活跃；传粉较好的飞翔距离为 40 米内。由于壁蜂的放蜂时间短，既便于驯养管理，又不太影响果园防治病虫的喷药；再加之其传粉能力强，繁殖较快，故在苹果产区应用发展很快。苹果园利用壁蜂授粉的主要技术如下。

**（1）防止壁蜂中毒死亡** 放蜂前 10 天至回收巢管之间，停止使用杀虫农药和避免污染水源。

**（2）巢管和巢箱制作** 巢管用旧报纸或牛皮纸卷成纸管，纸管的内径、壁厚、长度分别宜为 6 毫米、0.9 毫米、16 厘米左右。两端切平，50 支巢管一捆，一端作管底，将管底撞齐后用牛皮纸涂乳胶封底；另一端敞口并用广告色染成红、绿、橙、白、蓝、黄等不同颜色，以便壁蜂识别颜色和位置归巢。巢箱用瓦楞纸叠制而成，仅一面敞口，其内径长、宽、高分别约为15～25 厘米、15 厘米、25 厘米。巢箱除露出一面敞口外，其他五面用塑料薄膜包严实，以免雨水渗入。每个巢箱内装 4～6 捆巢管，计有 200～300 根巢管。

**（3）巢箱安置** 选择果园宽敞明亮、前方 3 米内无树木、房屋等遮挡物处安置巢箱。巢箱敞口朝向东南或正南；巢箱底部用高出地面 35 厘米以上的牢固支架垫高，支架上涂抹废机油，预防蚁、蛙、蛇等侵入巢箱；箱顶再盖遮阴防雨板压紧。巢箱右前方 1 米处，在地面挖一个长 40 厘米，宽 30 厘米，深 60 厘米的坑，坑内放些黏泥土，每晚加水 1 次，拌和黏泥土，以便壁蜂产卵时采湿泥筑巢。巢箱安置好后，不要再移动位置，以便蜂群返回原处。

**（4）放蜂时间和数量** 在苹果树开花前 2～3 天，从冰箱取出蜂茧，剪破蜂茧，分装在巢管中，每根巢管装入 1 个蜂茧或成蜂，然后将巢管放入巢箱中，大约在 20 天之内可完成苹果园的授粉和壁蜂的筑巢产卵。每个巢箱可供 1 000～2 000 平方米面积的苹果园授粉。

**（5）巢管回收与保存** 苹果树落花后，傍晚收回巢箱，取出巢管，将巢管平放吊挂在通风阴凉的室内，在常温下保存。翌春2月，折开巢管剥出蜂茧装入罐头瓶中用纱布封口，置冰箱内，在0～5℃下保存到苹果树开花前2～3天备用。

## （三）疏果、定果

人工疏果一般是在幼果期进行。花后1周左右，即可开始疏果、定果。定果在坐果后越早进行越好，最迟不宜晚于5月中、下旬。

**1. 定果的主要依据**（留果量的确定）　疏果首先应根据立地条件、土壤肥力、树势强弱等确定产量指标，再本着平衡树势、合理负载的原则，分配各局部的留果量。具体确定留果量的方法有：

**（1）叶果比法**　叶果比即叶片与果实数量的比值。中型果品种适宜的叶果比为30～50∶1，大型果品种适宜的叶果比为50～70∶1。

**（2）枝果比法**　枝果比即枝条数量与果实数量的比值。一般弱树、大型果品种，适宜枝果比为4～6∶1；中庸树、中型果品种，适宜枝果比3～5∶1；壮树适宜枝果比3～4∶1。

**（3）距离法**　即依据果实间的距离进行定果。树体枝叶分布比较均匀的树，一般每20～25厘米留1个果，壮树、壮枝或小果品种距离可小些，弱树、弱枝或大果型品种距离可大些。依据距离疏果应照顾树体的总果量和树势平衡情况而定。

**（4）干截面积法**　干截面积是指距离地面20厘米处的干截面积。一般管理条件下的成龄苹果树，每平方厘米干截面积留果0.3～0.4千克比较适宜。偏弱树少留果，以0.3千克/平方厘米为宜；树壮多留果，以0.4千克/平方厘米为宜。依据干截面积确定负载量后，根据品种平均单果重计算出所需留果数，加上10％～20％的保险系数，即为单株实际留果数。

**2. 定果方法**　定果是在疏花序和疏花朵的基础上，于落花后 1 周左右开始的，应于落花后 1 个月内完成。定果时先确定留果数，然后按距离疏留果，一般每隔 20～25 厘米留 1 个单果。定果时优先疏去小果、病虫果、梢头果、畸形果和果柄短小且向上生长的果。在时间的安排上，要先疏开花早、坐果率高的品种和结果多的树；开花晚、坐果率低、生理落果重的品种和结果少的树可适当晚疏。

化学药剂疏花、疏果比人工疏花、疏果省工，省力，但不能做到定位留花、留果，并且药剂的效果受环境的影响，因此，可作为人工疏花、疏果的辅助措施。常用的疏花、疏果药剂有西维因、萘乙酸、乙烯利和石硫合剂等。金冠在盛花后 10 天左右喷 750 毫克/升的西维因加 10 毫克/升的萘乙酸，对坐果率较高的品种可在中心花开放后 1～2 天，喷 1～1.5 波美度的石硫合剂都具有较好的疏花、疏果效果。

### （四）提高坐果率

提高坐果率的技术很多，除疏花、疏果、人工授粉外，还有：

**1. 花期环剥**（环割）　对坐果率低的品种或幼旺树，在盛花期进行主干或大枝环剥（或环割），可显著提高坐果率，方法参见夏剪部分。

**2. 根外追肥**　盛花期喷 1%～2%的白糖（或砂糖）溶液或 0.2%～0.3%的硼砂溶液，或者二者混用，均可提高坐果率。开花前后喷 1～2 次 0.3%～0.4%的尿素，或 0.2%的尿素+0.3%的磷酸二氢钾，有利于弱树开花坐果和幼果发育。

### （五）防止晚霜危害

春末的霜冻通常称之为晚霜冻。晚霜冻多出现在果树萌芽期至幼果期。萌动的幼芽遭受霜冻后，外观变褐色或黑色，鳞片松散，不萌发，以后干枯脱落。花蕾期和花期遇霜冻，由于雌蕊不耐寒，轻霜即可冻坏雌蕊花托；稍重时可冻坏雄蕊，严重时花瓣变色脱落。幼果受冻，多畸形，长得慢，最后落掉。

防止晚霜危害的主要措施有：

**1. 熏烟**　用作物秸秆、落叶或野草作燃料，里层为干燥的柴草，中层为潮湿的野草，外面再盖一层薄土，堆高 1 米左右，堆底直径 1.5 米左右，每亩 3～4 堆，在凌晨 2 时左右（霜冻发生前）、气温下降到 2℃时点燃。

**2. 树下灌水，树上喷水**　水的热容量大，对气温变化具有调节作用，下霜前及时抢灌，可以有效地防止或减轻霜冻危害。另外，下霜前往树上喷水，也有利于缓和霜冻。

**3. 加强果园管理**　早春树冠涂白，可延迟萌芽和开花，以躲过霜冻。

冻害严重的果园，要充分利用晚茬花，增加果品产量；适当晚疏果，多留果，搞好套袋，提高果品产量和档次。

### （六）应用生长调节剂提高果形指数

花蕾期或盛花期喷 10～20 毫克/升 BA 或 500～600 倍液的普洛马林（美国产品，内含 BA 和 $GA_{4+7}$ 各 1.8%），可使元帅系及青香蕉的果形指数提高。在盛花期喷 50 毫克/升原北京农业大学研制的果形剂药液，能促使元帅系品种的果实长成高桩形，且五棱突起。

### （七）套袋

在果实发育期将果实套上专用果实袋可保护果实，改善色泽，减少农药残留，是提高外观品质的一项技术措施。套袋能有效地保护果实，防止病虫及机械伤害，使果实底色转淡，果皮细嫩，果点木栓化轻。成熟前摘袋还可促进果实着色，色泽鲜艳，还具有减少果锈和裂果，提高果面光洁度、减轻果实中农药残留等作用。近年来，我国在苹果生产上，越来越多地应用套袋技术，对改善果实品质起到了重要作用。

**1. 果袋的选择** 果实套袋对果袋质量、套袋及摘袋时期、摘袋后管理都有较严格的要求。果实袋以具有较强耐水性和耐日晒能力的木浆纸袋较理想，在长时间野外条件下，不变形、不破裂为宜。目前生产中应用的果实袋主要有纸袋和塑膜袋两种。塑膜袋在减少污染、预防病虫为害等方面有一定作用，而对促进果实着色、改善果面光洁度等方面则无明显效果，但其价格低，可作为纸袋的补充，在生产中还有一定的应用。纸袋是目前应用最多的果实袋。不同的品种及栽培目的对纸袋要求不同。生产中的纸袋产品繁多，优良纸袋的基本要求是具有耐水性强，耐日晒、不脱蜡和滴蜡，经风吹雨淋不易破裂和变形，并具有一定透气性，对果实不良影响极小等特点。为减少袋内病虫为害，内袋最好经药剂处理。纸袋应有足够的大小（因果实的大小而不同），便于操作，通常袋子的平面宽度 14～16.5 厘米，长度 18～19 厘米；袋口中间有个半圆形缺口，便于张开纸袋。袋口一侧纵向埋有一根 5 厘米长的捆扎丝，以便套袋后扎住袋口。袋底部两侧要留滴水口或通气口。对于不同的品种，在纸袋的纸质、纸层与颜色上，还应有相应的选择。如难着色的红色苹果品种（富士系等），宜选择双层纸袋，外层袋的外表面为灰、绿等颜色，里表面为黑色；内层袋为浸蜡红色袋，不封底口。对较易着色的品种（元帅系品种等），可选用单层纸袋，其外表面为灰、绿等颜色，里表面为黑色，也可以采用里外均为深褐色的纸袋。对黄、绿色的品种（金冠、王林等苹果品种），为了保持果面细嫩及防止果锈，多选用具有透光性能的黄褐色蜡纸条纹单层纸袋，或蜡质白色单层纸袋。

**2. 套袋时间** 套袋一般在定果后进行，不同的品种和套袋目的不同，时间上有所差异。以防果锈和病虫害为主要目的则定果后及早进行，即在落花后 2～3 周内套完。过早果小不易操作；过晚果锈、病虫害已开始发生或侵染幼果，起不到防锈防病虫的作用。红色品种的着色袋套袋时期原则上套袋时间应适当延后，生产中要在疏果、定果后进行，一般在5月下旬至6月上中旬前后，6月底结束套袋。套袋过早、过晚都不好。过早幼果小，果子优劣难以辨别，容易将劣果保留，同时容易伤及果柄，造成落果，套袋过早还影响果个增大；套袋过晚，苹果果皮褪绿不好，除袋后上色缓慢，颜色不鲜艳，并且果子暴露时间过长易受病虫为害及粉尘污染，致使套袋效果不理想。一天中从早晨露水干后到傍晚都可套袋，应避开中午12点到下午3点这段高温期，禁止在雨天或打药后药液未干时套袋，以防黑点病和果锈出现。

**3. 套袋方法**　建议全园套袋，只有这样才能减少打药次数，减低生产成本，有利绿色果品的生产。纸袋套袋前一天要将袋口1厘米宽处用4%农抗120或0.2%多菌灵浸润或喷水少许使之软化，袋口向下，或在潮湿地方放置半天，以利于扎紧袋口。套袋时要用左手托住纸袋，右手撑开袋口，使袋体鼓胀，并使袋底两角的通气孔、放水孔张开，以防水锈和虫刺果。然后手执袋口下2～3厘米处，袋口向上或向下，将幼果套入袋内。套上果实后使果柄置于袋的开口基部，勿将叶片和枝条装入袋内，再将袋口左右横向折叠，最后在袋口处用细铁丝弯成V形夹住袋口，轻重适宜，不将捆扎丝缠在果柄上，使幼果处于袋体中央，在袋内悬空，以防止袋体摩擦果面和幼果紧贴纸袋造成日灼。套袋时用力方向要始终向上，以免拉掉幼果。用力宜轻，尽量不接触幼果，袋口也要扎紧，以免雨水漏入、病菌入侵、害虫爬入袋内为害和防止纸袋被风吹落。塑膜袋一定要用嘴吹开袋口和排水口，然后将袋口向中间聚拢，再用玉米皮、棉线或漆包线扎口或香火封口，最后拉展膜袋。套袋操作顺序是先树冠上，后树冠下，先冠内，后冠外，防止碰落幼果。树冠上部及骨干枝背上裸露果实应尽量少套，以避免日烧。

## 五、土、肥、水管理

### （一）土壤管理

**1. 春季耕翻和修整树盘**　早春土壤解冻后即可耕翻土壤，耕翻深度以10～20厘米为宜，耕翻后耙平，多风的地区还要镇压。在春季干旱风大的地区，一般不宜春季耕翻。耕翻后顺果树行向在树冠投影外缘修筑土埂、整修树盘，以利干旱时浇水和积蓄雨水。在山地果园，可单株或相邻几株修1个树盘。春季因劳力紧张，不能全园耕翻的，也可只进行树盘耕翻（刨树盘）。

**2. 有机物覆盖**（覆草）　可显著提高肥力，改善土壤结构，保肥、保墒，抑制杂草，减少管理用工等。

春季覆草宜在土壤解冻后趁墒或灌溉后进行。覆盖物的种类很多，如作物秸秆、杂草、糠壳和绿肥等，可视当地具体情况选择。覆草前先追肥，以氮肥为主，然后浇水覆盖。覆草厚度20厘米左右，以后每年覆盖10厘米左右。覆草后在其上点片压土，不要全面压土。

**3. 地膜覆盖**　早春地膜覆盖具有增温、保湿、保墒、减少或阻断地下越冬病虫上树的作用。

覆盖地膜一般在土壤解冻后趁墒或追肥灌水后进行。覆盖范围较大于树冠外缘即可。覆膜尽量与地面密接，接茬和边缘处用土压实，其他地方点片压土，以防大风刮膜。生产中一般多选用宽0.8～1.0米，厚0.03～0.05毫米的聚氯乙烯地膜。

**4. 果园生草**　生草法是在果园内除树盘外，在行间种植禾本科、豆科等草种的土壤管理方法。可分为永久生草和短期生草两类：永久生草是指在苹果苗木定植的同时，在行间播种多年生牧草，定期刈割、不加翻耕；短期生草一般选择一、二年生的豆科或禾本科的草类，逐年或越年播于行间，待果树花前或秋后刈割。

生草法可保持和改良土壤理化性状，增加土壤有机质和有效养分的含量；防止水土和养分流失；促进果实成熟和枝条充实；改善果园地表小气候，减少冬、夏地表温度变化幅度；还可降低生产成本，有利果园机械化作业。因此，生草法是欧、美、日等发达国家广泛使用的果园土壤管理方法。生草栽培法尽管有很多优点，但也容易造成间作植物与果树在养分和水分上产生竞争，因此，应注意对草的肥水管理。据在河北的观察，早春土壤解冻时果园生草区，表层土壤水分含量比无草裸露地要高，草起到了覆盖作用，随着物候的进展，草的快速生长，生草区的土壤水分下降，表现草和树的水分竞争，这时可以灌水解决，也可通过控制草生长来缓和矛盾，如割刈，此时对三叶草可以耘耙，使其生长受抑制，雨季三叶草恢复生长时，苹果新梢生长已缓和，草对树的生长不再起竞争作用。

### （二）施肥

**1. 苹果树的营养特点**　苹果树需要不断地通过施肥来补充树体生长发育阶段所需的营养要素，并调节营养要素间的平衡。但是，不同的品种、不同的生育阶段在营养特点上存在差异，需要根据苹果树的营养特点，进行科学施肥。苹果树的营养有以下特点：

**（1）苹果树枝叶量大，营养生长旺盛，对土、肥、水要求较高**　苹果树要实现丰产、稳产、优质，其土壤有机质含量应达到2%～3%，而目前大部分果园土壤有机质含量都在1%以下，所以，应结合土壤改良，大量增施有机肥或种植绿肥，提高有机质含量。

**（2）苹果树在所需营养元素中，需氮、磷、钾数量最多**　目前生产上偏重施用氮素肥料，磷、钾肥料施用不足。除大量元素外，还需要施用少量的微量元素，否则会引起营养失调，引起树体和果实的生理病害。

**(3)苹果固定在一处** 生长结果多年，会造成土壤中很需要的营养越来越少，而不需要的、需要少的相对越来越多，甚至根系分泌物积累到一定水平还会出现抑制根系生长的现象。因此，要通过合理施肥来调节营养要素的稳定平衡。此外，每年施肥，有一部分会在土壤中残留，使部分元素相对增多，改变了原来的元素平衡关系，施肥应考虑在这一基础上，调节各元素的施用，形成营养元素新的动态平衡。

**(4)苹果树是多年生作物** 树体的根、茎、叶中贮藏着大量营养物质，这些贮藏物质对次年的萌芽、开花、坐果起着重要作用。它与当年合成的营养共同维持着周年养分供应。因此，施肥时除要考虑年周期中果树需肥高峰以外，还应注意肥料的周年供应，增加树体的营养贮藏。

**(5)苹果树不同年龄时期，生长结果状态不同，施肥的主要作用不同，需肥的种类和施入量也有差别** 幼树期的目标是快速成形，迅速扩大树冠，增加枝叶量，因此，需氮肥和磷肥较多；初果期树的目标，在前期促进枝条生长和枝量的增加，达到一定数量后，重点转向促进枝类的转化，适时促花，进入结果期。定植的最初几年，氮肥为主，枝类转化期应适当降低速效性氮肥量，增加磷、钾肥用量。盛果期树的目标是高产、稳产、优质，因其大量结果，既要提高产量和质量，又要维持一定的营养生长，做到营养生长与结果的动态平衡。因此，氮肥的施用量相对减少，磷、钾肥需求量增大，逐步实现氮、磷、钾保持一定的比例。衰老期树的目标是保持树势，促进更新复壮，延长经济寿命。因此，要求在保持磷、钾肥施用量的同时，适当增加氮肥用量。

**(6)苹果树在年周期中对肥料的吸收利用有一定规律** 苹果树需氮可分为三个时期：第一为大量需氮期，时间在萌芽至新梢速长期；第二为氮素稳定供应期，时间为新梢生长高峰至采收前；第三为氮素营养储备期，时间为采收至落叶。在第二期稳定供应少量氮肥，可提高叶片功能，但如果施氮过多，会影响果实品质；第三期氮含量的高低对下一年器官形成、分化、优质、丰产均有重要作用。苹果树对各元素的需求还与树龄有关。幼树期对氮素的吸收自春到夏随气温上升而增加，到8月上旬达高峰，以后随气温下降而减少。对磷肥的吸收与氮素基本相同，但量少且高峰不明显。钾肥的吸收以前期为多，6～7月为集中的时期，后期新梢停长时急剧减少。结果期树氮素吸收，自春季随着生长的开始，吸氮的数量迅速增加，6月中、下旬达到高峰，此后吸收量下降，直到晚秋才又有所回升。磷的吸收，随着生长的开始吸收量迅速增加，并很快达到吸收盛期，以后一直保持在盛期的吸收数量水平上。钾的吸收，在生长前期急剧增加，至果实迅速膨大的6～8月份达到吸收高峰，以后维持较高的水平，直到采果后钾的吸收急剧下降。果实采收前，由于果实的生长，消耗大量营养，叶片颜色变浅，表现脱肥现象，采收以后叶片颜色会变深，采收后叶面喷施氮肥，可以延缓叶片的衰老，提高晚秋叶片的同化功能，增加树体的贮藏营养，有利花芽的后期发育和次春的生长、开花营养的供应。

**（7）苹果树的营养有两类** 即有机营养和矿质营养。在年周期中有两个营养阶段和两个营养转换期，这就要求我们在施肥时要做到有机肥与无机肥、速效肥与缓效肥相结合，氮、磷、钾与微量元素相结合，基肥与追肥相结合，根际施肥与叶面喷肥相结合。从而满足果树对各类营养要素的需求，实现营养的周年供给。

**2. 施肥的依据** 包括形态诊断和叶分析，详见夏季管理。

**3. 施肥量与各元素的比例**

**（1）施肥量** 果树一生中需肥情况，不仅因树龄、结果量及环境条件变化等而不同，还与肥料种类、土壤供肥状况有关。一般施入的肥料，并未全被果树吸收，一部分由于日晒分解挥发，一部分被雨水或灌溉水冲刷、淋溶而流失，只有一部分被果树吸收利用。由于土壤条件以及肥料性质的差异，果树对各种肥料的利用率不同。各种肥料的利用率大体是：氮为50%，磷为30%，钾为40%，绿肥为30%，圈肥、堆肥约为20%～30%。合理施肥量的确定应根据化学分析的结果，推算出果树每年从土壤中吸收各元素的数量，扣除土壤中能供给的量，再考虑肥料的损失情况。其计算公式为：

施肥量＝（果树吸收元素总量－土壤供肥量）/肥料利用率

土壤供肥量，一般氮素为吸收量的1/3，磷、钾约为吸收量的1/2。由于施肥量的确定受很多因素的限制，实际生产中很难确定统一的施肥标准。目前生产中施肥量的确定主要依据产量和肥料试验的经验。

据研究，20～30年生株产225千克果实的苹果树，每年从土壤中吸收纯氮498.6克，磷38.25克，钾728.55克。可以看出，盛果期苹果树每生产50千克果实，一般一年从土壤中吸收纯氮102.8克，磷8.5～17.03克，钾114.56～161.9克。据试验证明，盛果期大树每生产50千克果实，施氮560克，磷240克，钾500克时，可以保持高产、稳产。

如果按有效成分折算为施肥量，则亩产1 000千克以上的富士苹果园，有机肥的施用量［按圈肥折算（表4-1）］一般要达到“1千克果、1千克肥”的标准。亩产2 000～3 000千克的苹果园，有机肥的施用量要达到“每千克果1.5千克肥”的水平。在此基础上，还需要追施一定量的速效性氮肥和磷、钾肥。其施用量可参考表4-2。

**表4-1　单位有机肥折合圈肥数量**

| 肥料种类 | 折合圈肥量（千克） | 肥料种类 | 折合圈肥量（千克） |
|---|---|---|---|
| 人　粪 | 1.7 | 玉米秸 | 1.0 |
| 人粪尿 | 1.0 | 麦　秸 | 0.83 |
| 马　粪 | 0.9 | 棉籽饼 | 9.7 |
| 牛　粪 | 0.98 | 花生饼 | 10.5 |
| 羊　粪 | 1.03 | 芝麻饼 | 9.7 |
| 鸡　粪 | 2.4 | 菜籽饼 | 8.3 |

表 4-2　苹果产量指标与肥料施用量（千克/亩）

| 产量指标 | 有机肥量 | 无机肥施用量 | | |
|---|---|---|---|---|
| | | 氮 | 五氧化二磷 | 氧化钾 |
| 3 000 | 3 000～5 000 | 50 | 35 | 50 |
| 2 000 | 2 500～3 000 | 40 | 30 | 40 |
| 1 000 | 1 000 | 30 | 20 | 20 |

不同树龄的果树需肥量有差异。因此，确定施肥量时要考虑到不同树龄需肥特点。根据各地施肥的经验，提出下述参考指标（表 4-3）。

表 4-3　富士苹果不同树龄施肥参考标准（千克/亩）

| 树　龄（年生） | 产　量 | 有机肥 | 无　机　肥 | | |
|---|---|---|---|---|---|
| | | | 硫酸铵 | 过磷酸钙 | 草木灰 |
| 1～3 年生 | | 2 000～3 000 | 30～50 | 25～50 | |
| 4～6 年生 | 500～2 000 | 2 000～3 000 | 50～100 | 60～140 | 60～120 |
| 7～15 年生 | 2 500～3 000 | 3 000～5 000 | 10～150 | 140～220 | 150～180 |
| 15～20 年生 | 2 500 左右 | 3 000～4 000 | 150 | 180 | 150 左右 |
| 20 年以上 | 2 000 以下 | 3 000 左右 | 100～150 | 140～160 | 120～130 |

**（2）氮、磷、钾配比**　氮肥配合磷、钾肥，可以提高土壤活性，增强苹果树根系的吸收能力，提高树体的氮素和有机营养水平，有利于调节营养生长与生殖生长，从而提高产量、品质和树体的抗逆性。单一施用氮肥，虽然可以获得高产，但果实色泽差，含糖量低。河北农业大学配比施肥的试验结果表明，氮、磷、钾配比施肥可以显著提高富士苹果品质，尤其是生长后期增施钾肥可显著促进富士苹果着色和糖分的积累。由此可见，合理施肥不仅要满足产量的需要，还应考虑果品质量；不仅要注重肥料数量，还要兼顾营养元素的适宜比例。

氮、磷、钾的适宜比例不是千篇一律的。由于各地土壤条件差异较大，而且不同树龄的果树对氮、磷、钾的需要量是不同的。因此，很难确定统一的比例标准。但是，各地在长期的施肥试验和生产实践中都探索出了适宜当地条件的氮、磷、钾配比。

渤海湾地区棕黄土上，氮、磷、钾的比例幼树期为 2∶2∶1 或 1∶2∶1，结果期为 2∶1∶2。西北地区，土壤含磷量低，增施磷肥效果较好，其三要素比例，幼树期为 2∶2∶1，结果期为 1∶1∶2。山东烟台提出三要素的比例为幼树期 2∶1.5∶2，结果期为 3∶1∶3 或 2∶0.5∶2。秦岭北麓苹果园则以 1∶0.5∶1 为宜。

除上述氮、磷、钾三要素的配比外，还要注意其他元素的相互关系。苹果生产上，缺钙的现象比较普遍，而缺钙往往是因为氮或钾施用过多，N/Ca、K/Ca 过高，控制氮或钾的施用量，也是解决钙素不足的途径之一。

**4. 施肥技术** 果树施肥除按树龄确定每年的施肥量外，还要根据年周期内再同物候期对肥料的需要量，即果树年周期需肥规律，以及各种肥料的性质，确定施肥时期和各施肥时期的施肥量。于需肥前及时施入适量的肥料，才能充分发挥肥效，满足果树生长发育的需要。果树施肥分为基肥、追肥和根外追肥三种方式。

**（1）萌芽前施基肥** 秋季未施基肥的果园，在春季发芽前，应结合追肥和灌水补施一部分基肥。春季施肥效果不如秋季施基肥好。基肥的施用方法可参考秋施基肥。

**（2）萌芽前追肥** 萌芽前追肥对促进幼树扩冠、成龄树的生长及开花、坐果有重要意义。特别是基肥不足的果园，一定要进行此次追肥。追肥一般采用多点穴施或放射性沟施。肥料以速效氮肥为主，如尿素等。成龄树每株施尿素 1～2 千克，未施基肥的可再加过磷酸钙 1 千克、硫酸钾 0.75 千克。幼树按树龄大小的不同，每株追施尿素 0.1～1.0 千克。

**（3）穴贮肥水** 适用于缺水少肥的丘陵地及山地果园，可节肥 30%，节水 70%～90%。具体做法是在 3 月上、中旬于树冠投影外缘内侧均匀挖 6～8 个直径 30～40 厘米、深 40 厘米的土穴，每穴中直立埋上 1 个浸过水或 5%～10%尿素溶液的草把，草把直径 20～30 厘米，长 30 厘米。草把上端低于地面 10 厘米左右，草把四周掺上部分有机肥和磷肥埋好，每穴施过磷酸钙 100～150 克。穴上口盖 1 块地膜，四周压实，中间戳一个小孔。追肥时将溶化好的肥水顺穴中央的小孔灌入，或将化肥放于穴中央，用 3～5 千克水冲入。穴的有效期为 2～3 年，地膜每年换 1 次。每穴施入 50～100 克复合肥料或尿素等。

**（4）无公害苹果生产允许使用的肥料**　无公害果园的施肥原则是以有机肥为主、化肥为辅，保持或增加土壤肥力及土壤微生物的活性。所施用的肥料不应对果园环境和果实品质安全产生不良影响。

无公害苹果生产允许使用的肥料种类：①农家肥料。包括堆肥、沤肥、沼气肥、绿肥、作物秸秆、泥肥和饼肥等。②化肥。包括各种商品有机肥、腐殖酸类肥、微生物肥、有机复合肥、无机肥、叶面肥、有机无机肥等。③其他肥料。不含合成添加剂的食品、纺织工业的有机副产品、不含防腐剂的鱼渣、牛羊毛、骨粉、氨基酸残渣、骨胶废渣、家禽、家畜加工废料、糖厂废料等有机物料制成的、经农业部登记、允许使用的肥料。

无公害苹果生产禁止使用的肥料种类：①未经化学处理的城市垃圾或含有金属、橡胶和有害物质的垃圾；②硝态氮（如硝酸磷、硝酸铵等）和未腐熟的人粪尿；③未获准登记的肥料产品。

无公害苹果生产限制使用的肥料种类：①允许有限度的使用部分化肥。②化肥必须与有机肥配合使用，有机氮与无机氮之比 1∶1 为宜；最后 1 次追肥必须在采果前 30 天进行。③化肥也可与有机肥、微生物肥配合使用，最后 1 次追肥必须在采果前 30 天进行。④城市生活垃圾要经过无害化处理，质量达到国家规定标准后才能使用。⑤秸秆还田时，允许使用少量氮素调节碳、氮比。⑥无论是用何种农家肥料，都必须经过高温发酵，使之达到无公害质量标准。

## （三）灌水

**1. 苹果对水分的需求规律** 苹果树正常生长发育的土壤适宜含水量为田间最大持水量的60%～80%。沙质壤土当含水量低于50%时，出现旱象，下降到30%左右时，树冠内膛叶片变黄脱落，发生旱害。因此，果树生长季节降水量低于500毫米的地区，需要灌溉补水。在我国苹果产区，生长期降水量多在500毫米以上，若分布均匀，基本可以满足果树对水分的要求，不需灌水。但是，我国苹果主要产区雨量分布不均，主要降水集中在7～9月份，容易出现春旱、夏涝，需要根据果树的需水规律，及时灌溉补水，以确保苹果树健壮生长，实现丰产、优质。苹果树对水分的需求与物候期关系非常密切。春季发芽前至花期，这时所形成的叶片数量较少，温度相对较低，总耗水量较少，需水不多；新梢旺长期，叶片数目和总叶面积剧增，需水量最多，此时缺水，春梢生长缓慢，停止生长早，称为需水临界期；花芽形成期，需水较少；果实膨大期，因果实膨大及气温较高，需水量较大；果实采收前，叶果耗水不多，需水较少；休眠期需水较少，但要有一定的水分年供应。

**2. 灌水** 早春果树萌芽、抽梢、开花、坐果需水较多，而此时北方苹果产区正处于干旱、少雨季节，因此，土壤解冻后至萌芽前要灌透水。幼树为减轻抽条要适当早灌水。萌芽前灌水一般结合春季施肥进行，即在施肥后灌水。适宜的灌水量应是灌溉后使果树根系分布范围内（一般0～60厘米深）的土壤湿度达到最有利于果树生长发育的程度。富士苹果生长发育的适宜土壤含水量为田间最大持水量的60%～80%。一般以田间最大持水量的60%作为灌溉指标。常用的灌水方法有以下几种：

**（1）树盘灌溉** 在树冠周围按树冠大小修成树盘，树盘与灌溉渠相通。一般地果园地面不规整，常进行树盘灌溉。此法简便、省工，用水较经济，但浸湿土壤的范围较小，距树干较远的根系，不能得到充分的水分供应。

**（2）沟灌**　在果园行间开灌溉沟，沟深20～25厘米。在沟中灌水，待水完全渗入后再盖土平沟。此法较省水，水分的流失少，而且对土壤结构的破坏较漫灌和树盘灌溉轻。

**（3）喷灌和滴灌**　是比较省水、经济利用土地、保护良好土壤结构的现代化灌水方法。对于山地及园地不平整的果园，尤为实用。高标准果园应提倡喷灌和滴灌。

## 六、病虫害防治

### （一）主要病害

#### 1. 腐烂病

**（1）刮治**　春季用刮刀将病变组织刮干净，并刮去0.5厘米左右宽的健康组织。刮口要整齐、光滑，不留死角，以利伤口愈合。刮治时应在树下铺上塑料薄膜，收集刮下的树皮，并集中烧毁。刮后于伤口处涂药保护，防止复发。常用药剂有9281、果康宝5～10倍液、腐必清乳液3～5倍液、843康复剂和退菌特等。为提高药效，配药时可适当加入一定量的助渗展着剂，如平平加等。

**（2）桥接**　对腐烂病病疤较大的，刮治后要进行桥接。

**（3）喷药防治**　萌芽前全树喷1次40%的福美砷可湿性粉剂100倍液或果康宝100～150倍液、腐必清100倍液。

#### 2. 轮纹病

**（1）刮治**　萌芽前和萌芽前期刮除树皮和枝干上的轮纹病瘤，对于减少菌源，防治轮纹病具有重要意义。刮治时应将刮下的树皮和轮纹病瘤收集起来深埋或带出园外烧毁。刮治工作最好在5月中、下旬散发孢子之前完成。刮皮较深时，可涂植物油保护，也可在植物油中加入少量多菌灵或甲基托布津等杀菌剂。枝干深刮皮后不宜涂福美胂等铲除性杀菌剂。

**(2)喷药防治** 萌芽前至花芽开绽期全树喷3～5度（波美度）的石硫合剂，不仅可以防治红蜘蛛和介壳虫，还可兼治腐烂病、轮纹病和白粉病等。喷石硫合剂要掌握好喷药的浓度和时间。一般随物候期的进展，使用浓度相应降低。生产上以花芽鳞片拔节到开绽期喷3度（波美度）的效果好，且可降低用药成本；花序分离初期喷1～1.5度（波美度）的，对防治红蜘蛛效果也较好。

5月上旬，约落花后10天，轮纹病和炭疽病等病菌即开始侵染幼果，因此，防治果实病害应自花后幼果期开始，一般在花后5～10天喷1次杀菌剂，隔15天左右再喷1次。常用的药剂有50%的多菌灵600～800倍液、50%的甲基托布津800倍液、90%的乙磷铝600倍液，还可用百菌清、克菌丹和退菌特等。喷药时按稀释1 000～2 000倍液的比例加入黄腐酸或黄腐酸盐，可延长药效期。霉心病较严重的果园喷药时可加入0.5%的保湿剂，如羟甲基纤维素等。

**3. 白粉病** 人工剪除白粉病枝梢或花丛，并带出园外烧毁。白粉病严重的果园，在花芽露红期、开花初期或落花后连续喷2次杀菌剂。有效药剂有25%的粉锈宁可湿性粉剂1 000～2 000倍液，或甲基托布津、硫悬浮剂、百菌净等。

**4. 早期落叶病** 早期落叶病主要包括斑点落叶病、褐斑病、灰斑病和圆斑病等。进入5月份后病菌开始侵染发病。常用的杀菌剂对多数引起早期落叶的病菌都具有一定的防治效果。因此，可结合果实病害防治，一般不单独用药。在斑点落叶病严重时，可喷布50%的扑海因1 000倍液或80%的大生1 000倍液、10%的多氧霉素1 000倍液。

### （二）主要害虫

春季主要防治对象有红蜘蛛、黄蚜（苹果黄蚜）、瘤蚜、卷叶虫、棉铃虫、金龟子、椿象、草履蚧、介壳虫和潜叶蛾等。

**1. 红蜘蛛**　苹果花前、花后是防治红蜘蛛的关键时期。生产上一般在花前喷0.5波美度的石硫合剂，花后喷0.2波美度的石硫合剂防治红蜘蛛有较好的效果，还可以兼治白粉病和介壳虫等病虫害。此期防治红蜘蛛的药剂还有70%的克螨特2 000～4 000倍液、5%的尼索朗2 000～2 500倍液。

**2. 金龟子**　春季为害严重的金龟子主要有黑绒金龟子、苹毛金龟子和小青花金龟子。防治方法主要有以下几种：

**（1）人工捕捉**　利用金龟子的假死性，于成虫发生盛期组织人力振树捕杀成虫。

**（2）诱杀**　利用趋光性和趋化性进行诱杀。

**（3）土壤药剂处理**　在果园及周围农田幼虫虫口密度较大时（1～2头/米$^2$），应进行土壤药剂处理。方法是每亩喷洒4.5%甲敌粉2.5～3千克，或喷洒辛硫磷等水溶液（参照说明书使用，下同）。成虫出土盛期在树冠下或其周围的田埂上撒放毒土，每亩2.5%敌百虫粉2.5～3千克，混少量细沙土撒施。常用拌毒土的药剂还有辛硫磷、土壤散和敌马粉等。

**（4）喷药防治**　成虫发生期在树上和地下喷杀虫剂进行防治。常用的药剂有马拉硫磷、辛硫磷等。花期虫口密度大，确需喷药剂防治的果园，喷药后必须进行人工授粉，以防造成减产。

**3. 瘤蚜**　萌芽后至花前是瘤蚜防治的关键时期。此期以后被害叶片已卷起，再喷药就难以防治。因此，瘤蚜严重的果园花前应喷1次药，常用药剂有10%吡虫啉5 000倍液或50%抗蚜威可湿性粉剂800～1 000倍液等。可结合防治红蜘蛛、蚜虫等其他虫害用药。

**4. 蚜虫等害虫的防治**　一般结合防治红蜘蛛或潜叶蛾等同时用药，兼治蚜虫、椿象、卷叶虫、食心虫、棉铃虫和介壳虫等。常用的药剂有吡虫啉、辛硫磷等。蚜虫防治也可采用树干涂药环法，即用小刀纵刻树皮达木质部，或刮去1圈老树皮涂上药后用塑料薄膜包扎。药剂被皮层吸收后输送到树冠的各个部位，从而杀死蚜虫，还可兼治红蜘蛛和介壳虫等害虫。

如果潜叶蛾严重可再用灭幼脲防治。

**5. 卷叶虫及其他害虫的防治** 剪除卷叶虫虫梢或捏死卷叶虫包内的幼虫。结合防治蚜虫、棉铃虫和尺蠖等害虫喷洒杀虫剂。常用的药剂有辛硫磷、溴氰菊酯、吡虫啉等。此外，还有金纹细蛾等潜叶虫害，可喷25%的灭幼脲1 500倍液。

# 第五章　苹果园夏季管理
（6～8月）

夏季（6～8月），温高雨多，不仅枝条生长旺盛，而且也是花芽分化关键时期和果实迅速发育期，营养生长与生殖生长的矛盾突出。因此，夏季管理直接关系到当年产量、品质及明年产量，是一年管理中的关键时期。

## 一、促进花芽分化

### （一）苹果花芽分化的阶段及进程

花芽分化是苹果树年生长周期的重要生命活动之一。花芽分化的数量和质量直接影响果树的产量。而苹果花芽的分化又与品种、树龄、树体营养的积累，激素水平及外界温度、光照、水分及氮素供应有关。

苹果花芽分化过程，可分为生理分化期、形态分化期和性细胞形成期。

生理分化期是芽内生长点发育到一定阶段后发生质变的时期。一般在5月中旬至9月下旬或6月中旬至10月下旬。6月份是花芽生理分化盛期。此期的管理对于调控花芽分化至关重要。生理分化期开始于形态分化前的3～4周，最先开始的是短果枝，然后是中果枝及长果枝，最后是长枝的腋花芽。

形态分化期始于生理分化期开始后的2～3周，从生长点花的原始体出现到花萼、花瓣、雄蕊及雌蕊的形成，大约从6月中旬至12月。

性细胞主要是在第二年春季发芽以后才形成。这一时期，如果营养条件和气候条件差，容易引起性器官（雄蕊及雌蕊等）的发育不全或退化。

## （二）促进花芽分化的技术措施

**1. 花芽分化的条件** 稳定良好的花芽分化率是苹果高产、稳产的基础。要提高苹果花芽分化率，就必须满足花芽分化的条件。

**（1）新梢及时进入缓慢生长至停止状态** 花芽分化的前提条件是枝条须适时停止生长或缓慢生长。新梢处于旺盛生长或生长点进入休眠状态，均难以形成花芽。中短枝生长期短，一般在5月中、下旬即进入缓慢生长或停止生长状态，营养积累多，进入生理分化期早。因此，培养大量的及时停长的中短枝是成花的基础。

**（2）树体要有丰富的营养积累** 苹果花芽分化是一个十分复杂的生理转变过程，必须有比形成叶芽更丰富的营养物质。这些营养物质包括结构物质如碳水化合物、蛋白质等，能源物质如糖类、ATP等，遗传物质如核糖核酸、脱氧核糖。营养物质保持适量的氮素营养和充足的碳水化合物是花芽分化的最重要的物质基础。因此，幼树要适量施氮，在营养生长的同时狠抓夏季修剪，缓和生长势，并提高叶片的光合效能，增加树体和芽体的碳素营养积累。

**（3）内源激素的平衡** 抑制成花的激素主要来自种子的赤霉素，促进成花的激素主要来自根部的细胞分裂素和成叶中的脱落酸。稳定的花芽分化要求两类激素的平衡。这就要求进行严格的疏花、疏果，并可适度喷施促花激素。

**（4）适宜的环境条件** 苹果花芽分化的环境条件是光照充足、温度适宜（20～27℃）和土壤适度的干旱状态。因此，通过修剪保持树体通风透光，花芽分化期间适度控制浇水，以提高细胞液的浓度，有利促进花芽分化。

**2. 促进花芽分化的技术措施** 6月份是花芽生理分化盛期，也是夏梢（二次生长）生长和果实发育期。此期综合运用促花技术，对控制新梢二次生长，促进花芽分化和幼果发育有重要作用。

**（1）加强夏季修剪，控制旺长** 在5月份夏剪工作的基础上，控制长梢旺长和停长新梢的二次生长，对改善光照条件，促进营养积累和花芽分化具有重要作用。根据树体生长势、结果量等确定夏剪的强度，以保证花芽形成的数量。夏剪主要包括拉枝开角、捋枝、拿枝软化、拧枝、摘心、扭梢、环剥、环割等。具体夏剪技术参照春季管理。

**（2）应用生长延缓剂** 幼树和生长偏旺的树应用生长延缓剂或生长抑制剂，具有控制旺长，促进花芽形成的作用。常用的生长调节剂有多效唑、PBO、$B_9$和乙烯利等。在春梢速长期且新梢长度在20厘米以上时，使用生长延缓剂促花效果比较理想。多效唑的喷施浓度为0.1%～0.15%，土施多效唑以晚秋株施5～10克为宜；$B_9$的喷施浓度为0.2%；乙烯利的喷施浓度为0.1%。生产中在幼树上用0.15%的$B_9$和0.02%～0.04%乙烯利配合使用，比单独使用有更好的效果。6月上、中旬连续喷施两次250～300倍液的PBO，可以加快长梢的迅速停长，促进成花。生长调节剂与环剥、环割等措施配合应用，有更好的效果。如环割后在环切伤口处涂抹促花王稀释膏（一瓶对水400克，调成黏糊状），可以延长伤口愈合期，达到促花的效果。注意环剥的伤口不可涂抹促花王，否则影响愈合。环剥配合喷植物营养素，既能增加幼果的养分供给，又能提高新梢生长点碳氮比，促进花芽分化。环剥、环割配合喷施0.1%～0.15%多效唑促进成花效果明显。

**（3）适度追肥、控水，促进新梢适时停长** 花芽生理分化盛期适度控水和减少速效性氮肥的施用量，可抑制新梢的生长，提高芽内碳/氮比例和细胞液浓度，以利花芽分化。因此，对幼旺树应减少氮肥用量和灌水量，使土壤水分控制在田间最大持水量的60%左右。在追肥上，应在6月上旬从根系集中追氮、磷均衡肥。一般每株追施磷酸二铵1.0～1.5千克，把肥与土壤充分搅拌均匀后施入，然后及时灌水，促进根系快速吸收。也可采用尿素、磷肥按1∶2的比例配施，为花芽分化创造良好的营养供给条件。

**（4）提高土壤有机质含量，平衡营养供应，优化花芽分化条件** 在果园管理中，果农往往大量施用无机肥，偏重氮、磷、钾三元素的施用，忽略微量元素及平衡施肥。不合理的施肥导致土壤中有机质下降，土壤环境恶化，土壤中富有的中量、微量元素有效性下降，无法被根系吸收，土壤供肥能力下降，影响了土壤养分的平衡。因此，加强土壤管理，通过生草、覆草、增施有机肥培肥土壤，实现土壤营养的均衡供应，可以为果树正常生长和花芽分化创造良好的基础条件。

**（5）保叶及叶面喷肥提高叶片光合机能，促进营养积累** 加强病虫害防治，保证叶片完好。结合病虫害防治叶面多次喷布0.3%的尿素加0.2%～0.3%的磷酸二氢钾，或喷施1～2次光合微肥，可改善和提高叶片质量，促进花芽分化和幼果发育。

**（6）环剥、环刻** 暂时阻碍树上的有机养分向下运输，可抑制新梢的生长，提高芽内碳/氮比例和细胞液浓度，以利花芽分化。常用于不易形成花芽的苹果品种，其方法见春季管理。

## 二、果实管理

### （一）果实套袋

**1. 套袋时期、方法** 详见春季管理。

**2. 除袋的时间及方法** 红色苹果早熟、中熟品种宜在适期采收前15天左右除袋；中晚熟、晚熟品种宜在适期采收前15～35天除袋。除袋时间早晚与对果面颜色、光洁度的要求有关。

除袋时间与采收期间隔过长，果实颜色深，果皮较粗糙。否则颜色浅，不能全红。红富士苹果一般在采果前 15～30 天除袋。除袋太晚果面发黄，上色缓慢，底色不亮，且易发生日灼，摘果后易褪色。除袋在 9 月底 10 月初将果袋全部去掉。如果是双层纸袋应分两次除袋，先去外袋，经 3～5 个晴天后再摘除内袋；如果是单层袋，应先撕开底部或解开袋口通风 3～5 天后除去果袋。最好选择阴天或多云天气摘袋，禁止雨天或雾天摘袋，以防果面粗糙。晴天摘袋应在 9～11 时和 15～18 时进行，避开中午强烈日光，以防发生日灼。金冠等黄色品种，可以在适期采收前10～15 天除袋。生产中也有采后除袋的，但有可能影响耐贮藏性，贮藏期缩短。

摘袋时，一手托住果子，一手解开袋口扎丝，然后一手抓住内袋，一手从袋口到袋底撕掉外袋，这样可防止果实坠落。

### （二）果实套袋容易引发的几种为害

**1. 黑点病**　黑点大小多在 3.0mm 以下，有时病斑中央有裂纹，上覆白色膜状物质，主要发生在萼洼和梗洼，严重时胴部亦有发生。其发生原因主要有以下几点：

**（1）病菌侵染**　由粉红聚端孢菌、粉红单端孢菌以及链格孢菌侵染所致。这些致病菌一般情况下不侵染果面。套袋后，袋内高温、高湿，透气性差，易发病。套袋前可用多抗霉素或农抗 120、大生 M－45＋甲基托布津等药剂进行防治。

**（2）康氏粉蚧为害**　发芽前喷 5 波美度石硫合剂，套袋前用 1.8%阿维菌素进行防治，套袋时要扎紧袋口，防止害虫进入。套袋后的 7 月下旬和 8 月上旬是康氏粉蚧第二代、第三代若虫盛发期，可用速扑蚧、乐斯本等进行防治。康氏粉蚧特别严重的苹果园，应暂停套袋，彻底防治后再进行。

**（3）缺钙引起**　落花后到套袋前进行 2～3 次根外补钙，可用氨基酸钙、钙宝、硝酸钙等，结合打药进行。另外，氮对钙有拮抗作用，应减少氮肥施用量，增施有机肥，促进果树对钙的吸收。

**（4）药害引起** 乳油剂型的农药易封闭幼果皮孔，使皮孔细胞窒息死亡，造成果点粗大，爆裂成黑点状。含铜离子的药剂，颗粒粗，悬浮力差的粉剂，在幼果果面易发生药害形成黑点。因此，在套袋前使用农药一定要注意，尽量少用乳油剂型的农药，不用含铜离子的农药，选用可湿性粉剂时，选择颗粒细、药液干后不易在果面形成药斑的农药，喷药时雾化程度要好。

**（5）与纸袋质量有关** 疏水性，透气性差的果袋易发病；果袋规格小，果实撑满纸袋，透气性降低，易发病。

**（6）与气候条件有关** 6 月下旬到 7 月上旬，降雨过多易发生黑点病。地势低洼，果园郁闭，通风透光差，树势弱，环剥过重，偏施氮肥的果园易发生。黑点病是多种原因引起的，应针对不同原因进行综合防治，才能有效控制黑点病的发生。

**2. 红点病** 果面呈现以皮孔为中心的红色或紫红色斑点，斑点不深入果肉。红点病主要是斑点落叶病的病菌侵染果面造成。在套袋前、除袋后打两次治斑点落叶病的农药，能有效防止红点病的发生。可选用多抗霉素、宝利安及大生 M-45 等药剂。

**3. 果面小裂纹** 果面小裂纹发生的原因尚不太清楚，但果袋内湿度过大容易发生。应选用疏水性透气性好的优质果袋，规范套袋操作技术，扎紧封严袋口，严防雨水和药液进入果袋，造成袋内高湿环境。

**4. 日灼** 高温、干旱是造成日灼的主要原因。果实包在袋内，透气性受到影响，降低了果实蒸腾速率，使果面温度明显高于气温，引起袋内日灼。果实在袋内长期处于弱光环境下，果皮细嫩，除袋后由于光照强度发生变化而引起除袋后的日灼。另外，果实抗日灼能力与含钙量有关，含钙量低易发生日灼。防止日灼应做到以下几点：①选择高质量果袋，特别要注意通透性好，套袋时保证通气口打开。②避开中午高温时套袋。③套袋前禁止环剥。④干旱时套袋前浇水。⑤去袋时，单层袋先将底部撕开，通风3～5天后再去袋，双层袋先去外袋，3～5天后再除内袋。⑥减少氮肥施用量，增施有机肥，提高果树对钙离子的吸收。

### （三）叶面喷钙，增强果实抗性

钙是苹果不可缺少的营养元素。钙素缺乏会引发多种生理病害，如果实苦痘病、水心病、斑点病、果皮粗糙、裂果、木栓病以及果实内部崩坏等多种生理病害等。缺钙的果实硬度降低，耐贮性差。根系对钙素的吸收能力差，钙在树体内主要靠蒸腾液流的拉力进行被动运输，而果实的蒸腾强度远小于叶片，套袋果的蒸腾强度则更小，苹果套袋后极易患缺钙生理病。因此，根据钙吸收、分配的特点，套袋栽培的苹果园补钙尤为重要。补钙的方法有土壤补钙，即秋季结合施有机肥，混入一定的过磷酸钙、钙镁磷肥、硝酸钙等。也可叶面喷钙。生产中套袋果园一般是在花后2周至套袋前于叶面喷施2～3次钙肥，重点喷布果实。如叶面喷施350倍液的氨基酸钙，每隔10～15天喷施1次，连喷2～3次。还可选用氨钙宝、腐殖酸钙、生物钙肥、硝酸钙等钙肥。

### （四）早、中熟品种的采收

7月份以后早熟品种的苹果陆续成熟，要根据品种的成熟期做好采收前的准备工作，要适期采收，并安排好贮运和销售工作。7月份成熟的品种主要有伏帅、早捷、黄魁、伏翠、贝拉和藤牧1号等。早熟品种一般成熟期不集中，要注意分期采收。此期气温高，加上早熟品种耐贮藏性差，果实容易发绵，商品性下降或丧失。因此，要适当早采，并组织好销售。

8月份成熟需采收的品种主要有祝光（8月上旬）、嘎拉（8月上、中旬）和津轻（8月中、下旬）等。要安排好采收期，做好采收准备工作。此期气温较高，果肉易发绵变软，因此，可适当早采，采后及时入冷藏库或销售。

### （五）晚熟品种的顶枝和吊枝

中、晚熟品种的果实较大，生长期长，进入 7 月份以后，果实增重较快，结果多的树，很容易因重压而造成后期树枝折断、劈裂或下垂，并因此影响正常的生长发育，所以，对结果较多的大树，特别是在多风地区要采取顶枝或吊枝措施。

顶枝是用木杆把坐果多的大枝撑顶起来。此法多适用于下层主枝和侧枝。吊枝是在中心领导干上部牢固处绑缚几条绳子，把结果多的大枝吊住，再用绳子把各主侧枝（大枝）连在一起。对中心干细弱或无中心干的树，可在主干上绑 1 根架杆代替中心干。吊枝也可将下层大枝吊在上层大枝的基部。

### （六）防止采前落果

采前落果较重的品种，如红玉、津轻及元帅系品种，随着成熟期的临近，采前落果的情况也相应加重，这给生产造成很大损失。为减轻采前落果，可在采收前 30～40 天喷 1 次 20～40 毫克/升的萘乙酸，隔 10～15 天再喷施 1 次。此项措施防采前落果成效显著。喷药宜在傍晚进行，尽量喷布周到、均匀。

### （七）防锈果袋的破袋

金冠等品种上的防锈袋应在采收前 30 天将其下部撕开，采前 20 天将果袋全部除去。

## 三、土、肥、水管理

### （一）土壤管理

**1. 果园绿肥的夏季利用**　生草制果园或种植多年生绿肥作物果园，夏季绿草生长旺盛，若不及时刈割，绿草过高，影响树下通风透光，加重病虫害发生，因此，在草高 30 厘米左右时要及时刈割。一般在 6 月上旬或绿肥作物的蕾期至初花期刈割，留茬 10 厘米左右。刈割后用做树盘覆盖、沤肥或做牲畜饲草。对连续多年生草（或生长的绿肥），为防止根系密结而影响果树生长，可在此期进行翻耕或翻压。

**2. 夏季果园覆草**　果园覆草可以改善土壤结构，显著提高土壤肥力；保土蓄水，减少蒸发和地表径流，提高土壤含水量；保持较稳定的土壤温度，夏季可以防止烈日暴晒灼伤表层根系，秋末土壤降温减缓，延长了根系生长期，增加树体的营养积累；冬季可调节地温，减轻表层根冻害，有利于安全越冬；抑制杂草，减少中耕除草用工，还可以减轻病虫的发生为害，提高果品产量和质量。

果园覆草一般可用锯末、糠壳、作物秸秆、树叶、杂草与绿肥等作为覆盖物。覆草时间一年四季均可进行。采用锯末、谷壳、作物秸秆和树叶等作为覆盖物，一年中的农闲时节均可进行。但对北方冬春干旱地区以及树盘大水灌溉的果园，冬、春覆草后不利于灌水，且防火问题突出。而利用野生杂草、生草及绿肥覆盖时，则以在高温的夏、秋季节进行为宜。因为这个时期高温、多雨，杂草幼嫩易腐烂，能起到增肥、保水、调节地温的作用。因此，北方苹果产区以麦收后至雨季前进行夏季覆草为宜。此期麦收后麦秸、绿草及绿肥等覆盖物充足。

成龄果园可进行全园覆草，幼龄果园可进行局部覆草（树盘或树行覆草）。树盘覆草要盖到根系分布的地方（树冠外缘）。覆草厚度 15～20 厘米，以后每年或隔年覆盖 10～15 厘米。局部覆草每亩需干草 1 000～2 000 千克，鲜草 2 000～3 000 千克；全园覆草一般每亩需干草 2 000～3 000 千克，鲜草 4 000～5 000 千克。覆草前结合中耕、浇水，适量施入氮肥以满足微生物分解有机物对氮肥的需要。

覆草后在草被上星星点点压些土，以防风刮和火灾。土层薄的果园可采用挖沟埋草与盖草相结合的方法。长草要铡短，以便于覆盖和腐烂。覆草3～5年进行深翻翻压，以防多年覆草引起果树根系上翻，翻压后清耕或免耕2年再覆草。覆草果园追肥时可扒开覆草，多点穴施，施后可适量灌水。

**3. 中耕除草** 中耕除草是清耕制果园土壤管理的主要工作。中耕和除草是两项措施，但相辅进行。除草的主要目的在于清除杂草，以减少水分、养分消耗，保持果园清洁。除草次数根据杂草多少和生长势而定。在杂草萌发初期进行除草效果较好，能消灭大量杂草，杂草幼嫩，除草容易，可减少除草用工。中耕主要目的是疏松表土，提高土壤通透性，又可切断土壤毛细管，减少土壤水分蒸发，保墒和防止盐碱上升。中耕的同时可除去杂草，因此除草结合中耕进行。6月份杂草生长旺盛，是中耕除草的关键时期。麦收前中耕除草要彻底，以防麦收后杂草丛生。中耕深度5～10厘米为宜。

**4. 化学除草**

**（1）化学除草的优点** 果园除草是土壤管理中的一项重要作业。通常在杂草丛生的果园可导致果树减产10%左右。在清耕制果园每年使用人工、畜力或机械除草，要进行4～6次，每公顷果园需要花30～45个工日，用工多，劳动强度大，成本高。如果应用除草剂，实行化学除草，不仅大大减轻了劳动强度，而且还能加快清除杂草，达到省工、省力、肥田、持效的目的。应用除草剂除草的好处：①加速灭草，提高功效。用背负式喷雾器定向喷洒除草剂，每公顷果园只需15个工左右，比人工锄草节省2/3用工。②枯草盖地，烂后肥田。除草剂多半要在长满草时应用，杀死的杂草盖在地表，腐烂以后会增加土壤中的腐殖质和营养元素。而人工锄草时则必须将草翻动、清除，否则拉不动锄，很难作业。③化学除草还可减少表层土壤的机械破坏，有利于维持土壤结构。④除草彻底，效果持久。果园多选用广谱性除草剂，喷布后可将全部杂草杀死。除后复生的可能性很小，且持效期长。而人工锄草对多年生、深根性杂草只能除掉地上部分，锄后不久便又复生。

进入6月份，果园内的杂草日渐茂盛，中耕除草工作繁重，特别是进入雨季后，由于降雨多，果园泥泞，无论是中耕机还是人工除草均难以进行，所以，采用化学方法除草是理想的选择。

**（2）除草剂的类型**

①按除草剂作用方式可分为选择性和灭生性除草剂两类。灭生性除草剂可以杀死接触到药物的所有植物，如百草枯、草甘膦等。选择性除草剂只能杀死接触到药物的某些植物，而对另一些植物无害，如2，4-D能杀死阔叶杂草和其他双子叶植物，对禾本科杂草无效。

②按除草剂作用途径可分为触杀型、内吸型和土壤残效型。触杀型除草剂只能杀死接触到药剂的杂草茎叶，而不能在植物体内移动，对多年生杂草喷药后不能彻底根除。主要用于防除1年生杂草，如百草枯、除草醚等。内吸型除草剂被植物吸收后，能在体内传导遍及全株，在叶子上喷药，能影响根系，可用来杀死多年生杂草，如草甘膦、茅草枯等。土壤残效型除草剂主要通过根系吸收作用于植物，并在较长时间内保持药效，如西马津、敌草隆、阿特拉津等。

**（3）除草剂的使用方法** 除草剂类型不同，其使用方法及防除杂草的种类不同，使用时要充分了解除草剂的性能，根据果园杂草种类、大小、土壤质地等综合考虑，确定除草方案。一般苹果园采用土壤处理与茎叶处理相结合的除草方式，即在杂草种子发芽前后，选用土壤残效型除草剂进行处理；杂草萌芽以后，根据杂草种类选用触杀或内吸型除草剂进行处理。这样即可杀死已经长大的杂草，又可使果园地面在以后较长一段时间内不长杂草。

除草剂的使用一般有土壤处理和茎叶处理两种方法。

①土壤处理。在杂草出土前，用除草剂的稀释液均匀地喷布

地面，或用除草剂与湿润细土拌成药土，将药土堆闷 2 小时左右均匀地撒于地面，然后锄地深度 3～5 厘米混入土中。常用的除草剂、浓度或药土：50%扑草净可湿性粉剂 120～150 克，加 60%丁草胺乳油 100 毫升，对水 50 千克配成稀释液；50%扑草净可湿性粉剂 100 克，加 48%氟乐灵乳油 100 毫升，对水 30 千克配成稀释液或与湿润细土 20 千克拌成药土；50%西玛津可湿性粉剂 200 克，对水 40 千克配成稀释液；48%氟乐灵乳油 200 毫升，对水 50 千克配成稀释液或与湿润细土 30 千克拌成药土。

②茎叶处理。在杂草 3～4 叶期，用除草剂稀释液直接喷布杂草茎叶。常用的除草剂、浓度：10%草甘膦胺盐水剂 55 毫升，对水 25 千克配成稀释液；20%百草枯水剂（克芜踪）250 毫升，对水 25 千克配成稀释液，喷雾。

**（4）除草剂使用注意事项** 化学除草方法不当，容易出现效果差，或持效期短，或铲除率低落；有时还会发生药害，轻则使枝、叶、果实生长受到抑制，形成畸形发育，重则发生果实和叶片脱落。因此，使用除草剂应注意以下几点。

①注意药剂的类型以及用药时间。不同类型的除草剂有不同的施药时间。通过植物枝叶输导或触杀而导致枯死灭生的除草剂，时间最好在杂草幼叶大面积形成，但尚未老化时喷洒。茎叶处理时，气温越高杀草效果越好；药剂喷洒要均匀周到。

②注意用药操作方法。不少灭生性除草剂一旦接触果树枝叶就会发生药害，喷洒时应使喷头向下，定向喷雾，避免意外喷洒到果树或间作物上。

③注意严格掌握用药量，既可有效铲除杂草，又不造成浪费。

④注意用水质量。配药用水要清洁无污染，不用硬水、泥浆水、混浊水，不要与碱性农药、化肥混喷。

⑤注意安全用药。多数药剂对人体有伤害作用，应尽量避免触及皮肤和眼睛，一旦接触会引起刺激，出现过敏症状，应立即用清水冲洗干净或医院治疗。

⑥喷洒除草剂的器械要专用，不能再用于果树喷药。喷雾器应清洗干净，否则易引起零件锈蚀。喷雾器最好专用，不要用来喷施其他农药和叶面喷肥，以免因不慎而产生药害。

⑦注意交替用药。多次喷施同一种药剂会降低除草效果，一种药剂一般不能连续使用3年以上。

**5. 雨季翻压绿肥，备好有机肥**

**（1）雨季翻压绿肥**　进入雨季后，绿肥生长迅速，肥源充足，营养含量高，翻压后易腐烂，此时是翻压绿肥的好时机。在雨季，将人工种植的绿肥作物以及杂草、紫穗槐、荆条、苜蓿和草木樨等翻压入土均可发挥肥效。

在行间播种绿肥的平地果园，可直接将绿肥翻压入行间或树盘，也可在树冠外围挖基肥沟进行翻压。在山地果园多趁雨季放树窝子时压绿肥。当开沟压绿肥时，沟深要达到根系集中分布层以下。绿肥的用量，一般初果期树每株压绿肥30～50千克，同时混加1～2千克复合肥；成龄大树每株压绿肥100～150千克，混加复合肥2～3千克。压绿肥时最好放一层绿肥，压一层土，共压3～4层。最上层覆土20厘米左右封沟，以防绿肥发酵散热引起土温过高而伤害果树根系。绿肥作物也可集中堆沤，然后再于树下开沟施入。雨季翻压绿肥一般不需灌水。

**（2）做好有机肥准备工作**　施用有机肥料不仅能为农作物提供全面营养，而且肥效长，增加土壤有机质，促进微生物繁殖，改善土壤的理化性质和生物活性，提高土壤营养的利用率，保证营养均衡供应，提高果品质量和产量。要充分利用高温季节做好有机肥腐熟发酵，为秋施基肥准备肥源。

①秸秆沤制。将麦秸、玉米秸等作物秸秆用水浇透后与土、人畜粪（或少量碳酸氢铵）按6∶3∶1的比例混合后堆积1.5米高左右进行沤制，然后用塘泥密封。25～30天后，翻动1次再密封，再经15～20天后即可施用。

②牲畜粪便高温发酵。动物粪便含有多种病原菌、害虫卵，

必须经过高温发酵后施用。发酵时可直接密封堆沤，也可把猪、牛、羊、鸡等畜禽粪与杂草或作物秸秆按 2：1 的比例，加少量 EM 菌和水充分拌匀后堆成堆，用塑料薄膜密封沤制，经 20～25 天即可发酵完全。

③饼肥的沤制。先将蓖麻饼、棉籽饼、豆饼等饼肥打碎，放入水泥池或大缸中用人粪尿浸泡 3 周左右，高温发酵以后即可使用。

## （二）追肥

### 1. 施肥依据

**（1）形态诊断** 根据果树的外观形态，判断某些营养元素的丰歉，它要求果树经营者具有丰富的经验。一般叶片大而多，叶厚而浓绿，枝条粗壮，芽眼饱满，未结果树新梢长度 50 厘米以上；结果树新梢长 30～40 厘米，短枝具 6～8 片健叶，结果均匀，果个中大，品质优良，丰产、稳产者，是营养正常。否则应查明原因，采取措施加以改善。形态诊断可参照缺素症检索表进行诊断。

**苹果树主要缺素症检索表**

①病症限于新梢基部，或由老叶开始
　②叶局部出现杂色斑或黄化
　　③叶缘上卷发黄，叶面上有黄色或褐色斑点，有坏死…………… 缺钾
　　③叶淡绿或白色，叶脉间黄化或淡色斑，无坏死………………… 缺镁
　②叶全部黄化，呈干燥或烧焦状，叶小，早落
　　③叶淡绿至黄化，叶柄、叶脉红褐色，小叶红紫色，叶柄与枝梢夹角小…………………………………………………………… 缺氮
　　③叶暗绿至青铜色，叶柄、叶脉紫红色（春季可见）…………… 缺磷
　　③小簇叶，轮生，有花斑………………………………………… 缺锌
①病症限于幼叶，或由生长点、幼叶起始
　②顶芽枯死，此前幼叶失绿，卷曲

③叶尖钩状，叶缘皱缩，叶易碎裂……………………………… 缺钙

③叶皱缩，薄厚不均，叶脉扭曲，有小簇叶，枝有光腿现象…… 缺硼

②顶芽活着，顶叶芽黄化

③幼叶黄化，有坏死斑，小叶脉绿色，似网状………………… 缺锰

③幼叶无坏死斑，黄化

④叶脉与叶脉间组织同色，呈浅绿色。不出现黄或黄白色…… 缺硫

④叶脉绿色，叶片黄化至黄白色，严重时全叶失绿至漂白色……………………………………………………………………… 缺铁

**（2）叶分析**　近年来，国外广泛采用叶片分析来确定和调整果树的施肥量。果树的叶片一般能及时准确地反映树体营养状况。分析叶片，不仅能查到肉眼见到的症状，分析出多种营养元素不足或过剩，分辨两种不同元素引起的相似症状，且能在症状出现前及早测知。因此，借助叶片分析可及时施入适宜的肥料种类和数量，以保证果树的正常生长与结果。

叶分析方法是按统一规定的标准方法测定叶片中矿质元素的含量，与叶分析的标准值比较，确定该元素的盈亏，再依据当地土壤养分状况（土壤分析）、肥效指标及矿质元素间的相互作用，制定施肥方案和肥料配方，指导施肥。

**2. 土壤追肥**　追肥是在果树生长期间施用的肥料，目的是满足果树生长发育期间对养分的相对集中需求。一般多施用速效性化肥。苹果树的追肥一般进行2～3次。第一次是混入有机肥料中做基肥施用，施肥量为全年氮肥用量的1/3，磷、钾肥用量的1/2，中、微量元素的全部。第二次在花芽分化前，施肥量为全年氮肥用量的1/3，磷肥用量的1/2或磷钾肥用量的1/2。第三次是在中晚熟品种着色前，施肥量为全年氮肥用量的1/3，钾肥用量的1/2。近年来有些果园进行平衡施肥，且将平衡肥制成缓效肥，全年仅在施基肥时一次性施入，大大节约了用工。

6月份是传统施肥制度的关键追肥时期，可以促进花芽分化和幼果膨大。生产中对新定植幼树多在6月上旬追肥，一般株施尿素0.1千克，二年生至四年生扩冠期的树每株追肥0.2～0.3

千克的尿素。追肥最迟在6月中旬前结束。结果期树6月中、下旬果实处于膨大期，同时也是花芽分化期，需肥量较大，为促进果实发育和花芽分化，成龄树宜追施1次肥。一般株施过磷酸钙1～2千克和硫酸钾0.5～1千克，尿素0.5～1千克。在果实膨大后期（中晚熟及晚熟品种），有条件的果园可再追施1次以钾肥为主的磷、钾肥，以利提高果品质量。

**3. 叶面追肥** 6月份正处于苹果花芽营养积累阶段和幼果膨大前期，需氮、磷、钾及微量元素较多，而叶面追肥具有发挥肥效快，肥料利用率高等优点，可以补充苹果树关键生育期对矿质元素的需求，以提高树体的营养水平。此期叶面追肥可多次喷布0.3%的尿素加0.2%～0.3%的磷酸二氢钾，或喷施1～2次光合微肥。

7月份以后多次向叶面喷施磷、钾，钙、铁肥等，对增加果实的含糖量、促进着色、减轻果实的生理病害、提高叶片的光合性能和花芽的质量有重要作用。常用的肥料有过磷酸钙、磷酸二氢钾、硫酸钾、氯化钙、硝酸钙、草木灰和硫酸亚铁等。生产中多以磷酸二氢钾与氯化钙配合使用，使用浓度以总盐浓度（可溶性肥料的总百分含量）不超过0.5%为宜。

### （三）灌水

**1. 灌水** 6～8月份处于果实旺盛生长和花芽分化期，果树必须满足一定的水分供应，而此期气温高，果树蒸腾量大，北方地区降雨相对较多，因此，应依据土壤墒情进行适度灌溉。在花芽生理分化盛期土壤含水量保持在田间最大持水量的60%左右为宜，水分过大会促进新梢二次生长，影响花芽分化。其他时间宜保持在田间最大持水量的60%～80%。

**2. 蓄水** 干旱、半干旱地区由于地形复杂，沟壑多，土层薄，保水、保肥能力差，降雨产生的径流很快下泄，冲刷土壤，雨后又容易干旱，必须采取工程措施，在雨季到来之前为果树修好树盘，做到“一树一库”，以利雨季蓄水。同时，还要修整梯田，垒坝堰，以防水土流失。

山地、坡地还可以利用坡地、道路直接收集或经过改造后收集雨水。一般土质道路要进行平整碾压，并设置向路边排水的横向坡度。有的荒坡要对原土进行夯实，制作集水面，并引入果园。若天然集雨面不足时，可修建人工防渗蓄水工程（水窖），水窖（旱井）一般蓄水 30～50 米$^3$，再配上适宜的灌溉系统，即可进行灌溉。

**3. 排水**　盐碱地或地势洼果园，地下水位高，排水不良，往往抑制苹果根系的生长发育。对此，果园应设排水系统。它是防涝保树保障苹果树体正常生长与结果的有力措施。7 月份北方苹果产区进入雨季，因强降雨常造成地面积水，致使土壤通气不良，抑制根系呼吸，同时，抑制土壤里好氧性微生物的活动，影响肥料的有效性。在土壤缺氧的情况下，还容易积累各种有害盐类，引起根中毒死亡。地下水位高，根系分布浅，也易造成树体未老先衰的现象。

果园的排水系统，是由果园内的排水沟、支渠、干渠组成的。土壤透气性良好的平地果园，排水渠道可与灌溉渠道结合起来设置。排、灌两者合二为一，涝时排水，旱时灌溉。地势低洼、盐碱地、黏土地果园，应单设排水渠道，常采用深沟排水的方法，达到降低地下水位和洗盐降磷的作用。因此，雨季要保持园内不见“明水”，地下水保持在 1.3 米以下。山地果园挖好堰下沟，防止半边涝。对受涝果园果树，要及时排出积水，将根茎部分土壤扒开晾晒，进行抢救，然后要及时松土，增进土壤的通透性，尽快恢复树体正常的生理活动。

## 四、夏季修剪

7～8 月份是北方苹果产区的雨季，此期气温高、土壤水分充足，容易引起枝叶旺长，从而影响果实发育和花芽分化，因此，要控制新梢的生长。

**1. 环剥、环割** 在前期环剥（环割）控长的基础上，对生长仍较旺的树可再次进行环剥（环割）处理，以控制旺长（参见春季管理）。

**2. 夏季修剪** 重点是疏除或留桩截或疏除背上直立旺枝、内膛徒长枝、枝头竞争枝和影响光照的无用枝，对缓放枝进行拧枝、拿枝软化，以达到控制旺长、改善光照条件、促进果实发育和花芽形成的目的。

**3. 应用生长延缓剂** 在夏梢旺长期喷布生长延缓剂，控制旺长（参见上述促进花芽分化部分）。

## 五、苗圃及其他

### （一）芽接

芽接是以芽片为接穗的嫁接繁殖方法。主要方法有T字形芽接、嵌芽接、套芽接、方块芽接和带木质部芽接等。依芽片是否带有木质部分为带木质部芽接和不带木质部芽接两大类。在皮层可以与木质部剥离的时期，用不带木质部芽接，嫁接速度快，成活率高，是嫁接育苗的主要方法。在接穗皮层剥离困难的时期，或接穗皮层薄，不易操作，可削取带有少量木质部的芽片进行嫁接，即带木质芽接。若接穗和砧木皮层都不能剥离时，则用嵌芽接。

**1. 芽接前的准备**

**（1）接穗的采集** 接穗应从营养繁殖系的成年母树上采集。母树必须品种纯正、生长健壮、无病虫害或检疫对象。一般采用树冠外围生长充实的新梢中段做接穗，以随采随用为好。采后立即剪去叶片，留下叶柄，捆好并挂签标明品种，然后用湿布或塑料布包好，置阴凉处备用。需存放的可埋于湿沙中或放于地窖中。

**（2）砧木的准备**　在嫁接前7天左右灌1次水，抹除砧木基部10厘米以下的分枝和叶片。有刺蛾、毛虫类害虫为害的苗圃，嫁接前喷1次杀虫剂，杀死害虫。

**2. 芽接时期**　芽接适宜的时间，因嫁接目的、嫁接方法而异。普通苹果育苗为两年育成，春季播种当年秋季芽接，要求芽接后当年接芽不萌发，第2年秋季出圃，采用T字形芽接，一般是在8～9月砧木、接穗都离皮时进行。嫁接过早，接芽容易当年萌发，或砧木加粗容易包埋接芽，影响第二年春季接芽萌发；过晚砧穗皮层不易剥离，影响嫁接的工作效率和嫁接成活率。如果接穗离皮不好，而砧木能正常离皮时，可用不带木质部芽接；若砧木也不离皮，只能采用嵌芽接。

在培育“三当”速生苗（当年播种、当年嫁接、当年出圃），或矮化中间砧二年速生苗时，一般在5月下旬至6月下旬进行芽接。采用贮藏休眠枝条做接穗，可用嵌芽接；采用当年新梢做接穗，如果砧穗都能离皮，可采用T字形芽接，也可采用嵌芽接；如果接穗离皮不好，而砧木能正常离皮时，可用带木质部的T字形芽接；若砧穗都不能离皮，只能采用嵌芽接。

**3. 芽接方法**　常用的芽接方法是T字形芽接和嵌芽接。

**（1）T字形芽接**　嫁接时先削取接芽，用芽接刀在接芽上方0.5厘米处横切一刀，深达木质部，不宜过重伤及木质部，以免取接芽时容易带下木质部。然后用刀自芽下方1.5厘米处斜向上削一刀，长度超过横切刀口即可。用两指捏住芽片，左右掰动使之剥离下来，呈盾形芽片。

在基砧距地面5厘米左右光滑处用芽接刀横切一刀，深达木质部。刀口宽度大于削接穗的横切面。在横切刀口下纵切一刀呈T字形，或用刀尖轻点左右剥开皮层，插入接芽用手按住芽片轻轻向下推动，使芽片完全插入砧木的皮下，使芽片的上边与砧木横切口对齐，用塑料条包扎严密，并使叶柄在外。中间砧嫁接品种的高度应根据中间砧长度要求而定，一般保证中间砧长度20～30 厘米为宜。

**（2）嵌芽接** 嵌芽接是带木质部芽接的一种，可在春季或秋季应用，砧木离皮与否均可进行，用途广、效率高、操作方便。

嫁接时在砧木基部光滑处从上向下斜削一刀，深达木质部的 1/4～1/3。刀口长 2 厘米左右。然后在第一刀刀口下方 1.5 厘米处从上向下斜削 1 刀，深达第一刀刀口处，取下倒盾形块。用同样方法，自接穗上削取同样大小的倒盾形接芽块，立即将其嵌入砧木的接口内，若芽片与砧木切口不能完全对齐，应与一侧的砧木形成层对准，用塑料薄膜条绑缚，并露出接芽或叶柄。

**（3）带木质 T 形芽接** 接穗芽片带有木质部的芽接方法。带木质芽接实际上是一种接穗短缩了的皮下腹接。用于砧木离皮良好，而接穗不易离皮或采用贮藏的休眠接穗。此方法简单、速度快、节省接穗、成活率高。

带木质部芽接接穗与砧木的削法与 T 字形嫁接相近。先用刀自芽下方 1.5 厘米处斜向上削一刀，长度超过接芽上部 0.5 厘米，然后用芽接刀在接芽上方 0.5 厘米处横切一刀，深达木质部，直接取下带木质盾形芽片。

在砧木适宜高度光滑处用芽接刀横切一刀，深达木质部。刀口宽度大于削接穗的横切面。在横切刀口下纵切一刀呈 T 字形，或用刀尖轻点左右剥开皮层，插入接芽于砧木的皮下，并使芽片的上边与砧木横切口对齐，用塑料条包扎严密，并使叶柄在外。

**4. 检查成活率、解绑与补接** 芽接接后 15～20 天即可解绑，检查成活情况。如果芽片皮色鲜绿，接芽的叶柄用手指一触即落，则表示已经成活；如果叶柄不落，芽片干枯，说明没有成活，需马上补接，或于第二年春季采用枝接法补接。

## （二）苗圃管理

**1. 土壤追肥、浇水、中耕除草**　进入6月份以后苗木生长迅速，需水、需肥较多。为促进苗木生长和加粗应进行一次追肥、浇水，并进行中耕除草。春季播种的实生苗追肥以氮肥为主，每亩追施尿素5～10千克；二年生嫁接苗每亩追施尿素10～15千克或硫酸铵15～20千克。追肥后及时灌水和中耕除草。8月份雨量较多，嫁接苗生长旺盛，为了嫁接苗充实健壮，应适当控制浇水次数和施氮肥的量，应适当增施磷、钾肥或于叶面喷施磷酸二氢钾。8月中、下旬可对苗木进行轻摘心，以加深其木质化程度。

**2. 叶面追肥**　6月份以后苗木生长迅速，此期如果水分过大，会引起徒长，新梢顶端黄化，特别是黏重土壤，通透性差，影响根系吸收功能，黄化严重，可进行多次叶面喷肥，喷布0.3%的尿素加0.2%～0.3%的磷酸二氢钾，或喷布0.3%的尿素加0.2%的磷酸二氢钾，加0.2%硫酸亚铁。

**3. 嫁接苗除萌、立支柱**　继续进行除萌工作，抹除基砧、中间砧上发出的萌蘖。为防止苗木因刮风造成接口处劈裂，每株苗木立一支棍，进行绑缚。

**4. 苗木嫁接**　在培育“三当”速生苗（当年播种、当年嫁接、当年出圃）或矮化中间砧二年速生苗时，一般在5月下旬至6月下旬进行芽接。利用贮藏休眠枝条做接穗，可用嵌芽接；采用当年新梢做接穗，可用T字形芽接，也可用嵌芽接；如果接穗离皮不好，而砧木能正常离皮时，可用带木质部T字形芽接；砧穗都不容易离皮时采用嵌芽接。

**5. 成苗的圃内整形**　当苗高长至40厘米左右时，及时摘心，促生分枝。摘心法促发的分枝一般角度小，生长势强，应扭梢进行生长势和角度的控制。促进分枝的方法还有涂抹发枝素定位发枝。在新梢顶端留叶柄摘叶，然后间隔20天左右连续喷3～

5 次普洛马林。

**6. 病虫害防治** 注意对苗木病虫害的防治。此期病虫害主要有斑点落叶病、白粉病、红蜘蛛、蚜虫、顶梢卷叶蛾等。具体用药可参考果园相应病虫害的防治。

### （三）高接换头树的管理

高接 2 个月以后，新梢生长旺盛，要继续加强控长、整形工作，反复抹除萌蘖。未接活的部位选留 1～2 个萌蘖，留待补接。加强地下土肥水的管理（地下管理同其他非高接树）。

进入雨季后，多头高接的树新梢生长旺盛，萌发二次枝的数量大，易造成树形混乱。因此，应加强夏剪整形工作，以缓和生长势。夏剪重点是调整枝头生长方向和角度；重短截或疏除背上直立旺枝和枝头竞争枝；对有空间的旺枝枝头轻摘心，促生分枝；继续抹除砧树上的萌蘖；对其他旺长枝条采取拿枝、拧枝的办法缓和生长势。夏剪时要注意防止接口劈裂。

对高接未成活的砧头，在预留的萌蘖上进行芽接，方法可采用 T 字形芽接或嵌芽接。高接树的树下管理同其他非高接树。

### （四）幼树的管理要点

**1. 肥水管理的特点** 进入 7 月份后，对幼树应适当控制氮肥和灌水。可土壤追施少量磷、钾肥或于叶面多次喷施 0.3%～0.5%的磷酸二氢钾，以促进枝条充实。

**2. 树上管理的特点** 7 月份后要进行第二次夏剪。新定植的小树选好中央领导枝和主枝，调整好中干上侧生枝的方位和角度，对竞争枝和主干上的其他枝条可通过摘心、扭梢、拿枝软化等措施控制长势，调整生长方向，使角度成水平或下垂状态。除去主干基部的萌蘖。

对二年生或四年生的幼树，要控制各级骨干枝上的竞争枝、徒长枝和背上直立枝。有空间的可通过摘心、扭梢或重短截等措施，促发分枝，培养枝组。调整骨干枝和辅养枝的生长方向和角度。疏除过密、过多的交叉重叠枝。对较大较旺的辅养枝进行环剥或环割，以削弱其生长势，促进成花早结果。

## 六、病虫害防治

### （一）病害

麦收前后的主要病害有腐烂病、干腐病、轮纹病、霉心病和早期落叶病等。

**1. 枝干类病害的防治**　继续刮治腐烂病、轮纹病和干腐病病疤，清除大树干上的粗皮、翘皮。将刮落的病残物清理出园，深埋或烧毁，并在病斑处涂药，可涂腐必清原液或2倍液。枝干病严重的果园，在主干、主枝和大侧枝上涂（刷）50%的多菌灵100倍液，或45%施纳宁200～300倍液，以除掉初侵染的病菌。枝干轮纹病严重，前期未进行刮治的果园，可在此期进行深刮皮，刮除病瘤，深刮皮后一般不涂药，也可涂100倍硫酸铜水溶液或植物油进行保护。

**2. 果实病害的防治**　对轮纹病、炭疽病和霉心病等果实病害，6月份应用药剂防治1～2次。若防治1次可在6月中旬进行，具体时间视5月份用药后时间间隔而定，间隔期15～20天为宜。以轮纹病和炭疽病为主的果实病害，套袋后用药可选用1∶2∶200倍的波尔多液，也可用其他杀菌剂（参见春季管理）。防治霉心病为主的果实病害，可用保湿剂加杀菌剂（参见春季管理）。

**3. 早期落叶病的防治**　斑点落叶病、轮纹病、褐斑病、灰斑病和圆斑病等进入发病盛期，应加强药剂防治。可结合果实病害的防治同时用药而不单独用药。以斑点落叶病为主时，可喷布50%的朴海因1 000倍液或80%的大生1 000倍液。以褐斑病为主时，可选用波尔多液、绿得保或胶悬铜等铜制剂，以及百菌清或多菌灵、甲基托布津等杀菌剂。

## （二）害虫

麦收前后苹果园主要害虫有桃小食心虫、红蜘蛛、潜叶蛾类、卷叶蛾类、苹小食心虫、黄蚜和绵蚜等。

### 1. 桃小食心虫的防治

**（1）地面防治** 桃小食心虫一生中有相当长的时间在土中和地面上度过，特别是在脱果期和出土期，在土壤表面的时间较长，是地面防治的好时机。幼虫自5月中旬开始出土，盛期一般年份是在6月上、中旬（可用性诱剂测报幼虫的出土盛期），此时于地面用药效果较好。可选用50%的辛硫酸200倍液。桃小食心虫出土的时间长，一般第一次用药后，隔半个月再施第二次药。施药前清除地面上的杂草，施药后浅锄地面可提高杀虫效果。

**（2）树上防治** 于树上喷药杀灭产在果面上的桃小食心虫的卵和初孵幼虫。一般根据卵果率预报指导用药。当田间卵果率达1%时，进行树上药剂防治。常用的药剂有30%的桃小灵乳油1 500～2 000倍液、50%的杀螟松乳油1 000倍液、40%的水胺硫磷乳油1 500～2 000倍液、2.5%的功夫乳油2 000倍液、20%的灭扫利2 000～3 000倍液或5%的来福灵乳油2 000～3 000倍液。还可用溴氰菊酯、天王星或辛硫磷等。第一次喷药后10～15天，应喷第二次药。喷药着重喷施果实。桃小食心虫的防治药剂可兼治此期发生的其他多种害虫，应结合当地其他害虫的发生情况，选择兼杀或广谱型杀虫剂，以提高杀虫效果，减少用药次数。

7月上旬是树上防治桃小食心虫的关键时期。7月中、下旬部分蛀果幼虫开始脱果，可在脱果前摘除虫果，并进行第二次地面防治。

**2. 苹小食心虫的防治** 5月底至6月上、中旬为越冬代成虫羽化盛期，是树上药剂防治的关键时期。用药种类参见桃小食心虫的防治。也可用糖醋液（红糖5份，醋10份，水100份）或性诱剂诱杀成虫，以成虫发生高峰期指导用药时期。

**3. 潜叶蛾的防治**　潜叶蛾主要有金纹细蛾、旋纹细蛾和银纹细蛾。6月中、上旬是用药防治第一代成虫的关键时期，常用的药剂见桃小食心虫的防治。

**4. 红蜘蛛的防治**　麦收前（6月中、上旬）是药剂防治红蜘蛛的关键时期。常用的药剂有73%克螨特3 000倍液、5%卡死克乳油1 000倍液、20%灭扫利2 000～3 000倍液或50%尼索朗乳油2 000倍液等。

**5. 黄蚜、绵蚜、卷叶蛾及毛虫等害虫的防治**　生产中可结合防治桃小食心虫、苹小食心虫、潜叶蛾和红蜘蛛等害虫进行防治，用药参见桃小食心虫的防治。

**6. 金龟子的防治**　7月份以后白星金龟子群集于果实的伤处或在近成熟的果实上为害。防治主要有以下几项措施：

**（1）捕捉成虫**　早晚成虫不太活动时，摇树振落成虫收集捕杀。

**（2）诱杀成虫**　利用糖醋液或落果发酵液诱杀成虫。

**（3）药剂防治**　成虫发生严重时，可喷药防治。常用药剂有50%辛硫磷乳油1 000倍液、50%马拉松乳油1 000倍液。

**7. 天牛的防治**　7月份是防治天牛的好时机。防治方法主要有以下几种：

**（1）人工捕杀**　早晨或雨后摇动、敲打枝干，震落成虫后于地面捕杀。

**（2）钩杀**　在幼虫最下一个排粪孔内钩杀幼虫（桑天牛粪堆积于地面上，星天牛粪留在虫道内）。

**（3）熏（毒）杀**　在最下一个排粪孔内放入蘸药液的棉花团或用注射器注入药液，或用特制的片剂，然后用泥封孔。常用药剂有50%敌敌畏乳油、50%马拉松乳油50～100倍液或磷化铝（粮虫净）片剂等。

**（4）剪除天牛为害枝梢（苹果枝条天牛）** 7月份后经常巡视果园，及时剪除受害枝梢后集中烧毁。受害枝梢每隔一定距离有1排粪孔，孔外有黄褐色颗粒状粪便，所以较易识别。如不加处理，受害枝梢上的叶片就会枯黄，最后枯萎。

**8. 毛虫类、梨椿象的防治** 毛虫和椿象为害严重的果园可喷杀虫剂防治。常用的杀虫剂有48%乐斯本乳油1 000～1 500倍，75%辛硫磷乳油2 000倍液、20%溴氰菊酯2 000倍液。

# 第六章　苹果园秋季管理

（9～11 月）

## 一、秋季修剪

**1. 幼树摘心**　为了使幼旺树及时停止生长，秋季对苹果幼树尚未停止生长的新梢进行轻摘心，减少因新梢生长的营养消耗，增加树体贮藏养分，有利于幼树安全越冬。时间掌握在摘心后腋芽不再萌发的时候，一般在 9 月上、中旬。如若腋芽萌发了，再次生长，需重复摘心。轻摘心只需摘去顶端 2～3 个幼叶，避免摘心过重促使腋芽萌发。

**2. 疏大枝**　在树形改造过程中，需要疏除一些大枝。旺树在冬季疏除时，修剪反应比较强烈，会引起树势返旺，发生大量徒长枝，在这种情况下，可以在晚秋进行疏枝。秋季修剪时，苹果树尚未落叶，枝叶的养分未回流，这时疏去大枝，修剪反应不敏感，可以减少旺长。同时在有叶时修剪，比较容易观察树体结构、枝叶的疏密、光照的分布等，对树体改造的分析更直观，这是秋季修剪的优点。但是，由于树体营养未回流，疏除大枝，会削弱树势，因此，秋剪仅适合生长旺的树，而且不可过重，也不可连年进行。

## 二、土、肥、水管理

### （一）土壤管理

**1. 土壤的深翻熟化**　我国苹果栽植一般不占用良田，提倡上山、下滩，利用岗坡次地、沙荒地。苹果栽植的土壤条件，往往存在一些问题，不能满足苹果优质、丰产栽培的需要。如有机质含量较低、土壤过分黏重或沙性过大、土壤中含砾石过多或土层过浅等，需要进行土壤改良，进行土壤熟化，以提高土壤有机质含量，改善根系分布层土壤的结构和理化性状，促进团粒结构的形成，降低土壤容重，增加孔隙度，提高土壤的蓄水、保肥、保水能力和透气性。增加土壤微生物数量、提高其活动能力，加速了有机物的熟化分解，使不溶性营养物质变成可溶性养分，易被苹果树吸收，提高了土壤的有效肥力。由于土壤熟化的工作量大，栽树前不可能全园进行改良，仅在苹果栽植前挖定植穴或定植沟，进行局部的改良。苹果是多年生植物，根系强大，随着树冠的扩大，根系会超出定植穴或定植沟的范围，因此，果树栽植后要不断地扩大土壤熟化的范围，连续多年进行土壤深翻熟化工作。

秋季深翻熟化一般在果实采收前后结合秋施基肥进行，但越早越好。此时正值苹果根系秋季生长高峰，又是雨季过后，土壤墒情好，深翻易操作，根系恢复得也快，而且结合秋施基肥，有利树体吸收，积累养分，促进来年春季果树的生长和开花坐果。土壤深翻熟化的方法：

**（1）深翻扩穴**　又叫放树盘、放树窝子。在幼树期间，根据根系伸展情况，从定植穴向外，逐年深翻宽80厘米左右，深80～100厘米的环状沟，直至株行间全部翻通为止。

**（2）条沟深翻**　幼树定植时采用挖定植沟的园地，每年可沿栽植沟外缘，逐年向外开扩宽50～60厘米，深70～100厘米的条状沟，直到全园翻通为止。

**（3）隔行深翻**　即隔一行翻一行，逐年轮换，这样每次只伤一面的侧根，对苹果树生长结果影响较小。

**（4）全园深翻**　最好在建园定植前进行。建园前未进行的，可在幼树期一次翻完，否则到大树期，全园深翻断根太多，影响丰产。

深翻的深度一般要达到70～100厘米。下层土壤坚实、黏重的或有砂姜石、砾石层的要深些，土层深厚、肥沃、疏松的可浅些。

深翻沟的位置应根据根系分布和土壤状况而定。采用扩穴和条沟深翻时，一定要与前次深翻沟接茬，中间切勿留隔层。隔行深翻时，沟的两侧距主干至少1米。深翻时表土、底土应分开堆放，当挖到70～80厘米时，再将沟底土挖松，但不需向上翻土。要注意操作中少伤根，特别是粗度1厘米以上的主、侧根不可断伤，否则易引起果树生长势的衰弱，而对1厘米以下的细根断伤，由于断伤后25～30天就会产生愈伤组织，并生出大量新根，因此，对树体影响不大，还有利于根系的更新和促进树体的生长。挖沟时暴露的根系要注意保护，不可长时间暴晒、干旱和受冻。回填土时，一般先填表土，后填底土。同时，施入大量的作物秸秆、残枝、落叶、绿肥、杂草、山皮土以及圈肥、堆肥等有机肥料，还要混施适量的磷、钾肥和速效性氮肥。一般每深翻1立方米土，要施入25～50千克的有机杂肥。生产上回填土常采用分层回填法，即先将不易腐烂的作物秸秆、残枝落叶填入沟底，并掺入少量有机肥和速效性氮吧，沟中部填入有机肥、表土和磷、钾肥以及易腐烂的绿肥、麦糠等的混合物；沟上部填剩余的底土。填土后要及时灌一次透水，以使根系与土壤密接，促进根系恢复和生长，无灌溉条件的园地，应随开沟随回填，边回填边踏实，以保持土壤湿度。

**2. 果园耕翻**　在采用耕作的土壤管理制度中，一般除进行深翻改土外，每年还须进行数次耕翻，耕翻一般多在秋季或春季进行。

秋季耕翻，一般在新梢停长后或果实采收后进行。此时根系处于生长高峰，断根后易愈合，并能在当年能长出新根，有利树体养分的积累，耕翻由于破坏了表层土壤结构和根系，能促进根系向深层生长，提高根系的抗逆性，并扩大吸收范围。秋耕还可抑制秋梢贪长，促进成熟，有利贮藏营养和安全越冬。秋季耕翻正值雨季，还可接纳大量雨水，满足果树翌春需要。此外，秋耕还可减少宿根性杂草和果树根蘖，减少养分消耗；还可消灭地下害虫。在雨水过多的年份，秋季耕翻后不耙平或留“锨窝”，可促进蒸发，冬季又有利雪水下渗，改善土壤水分和通气状况；在低洼盐碱地留“锨窝”，还可防止返碱。秋季耕翻深度一般以20～30厘米左右为宜。

### （二）施肥

基肥施用常在冬、春苹果树休眠期进行。从施用效果来看，秋、冬施比早春施为好，早秋施又比晚秋或初冬施好。传统的秋施基肥是在果实采收后的10月下旬或11月上旬进行，这时气温已降低，苹果根系已逐渐停止活动，所施肥料当年得不到吸收，效果较差。因此，提倡的早秋施基肥，是在富士苹果采收前进行（8月下旬到9月下旬）。早秋施基肥有如下优点：①此期正值苹果根系生长的第三个高峰，伤根愈合快，并能迅速萌发新根；②地温适宜，土壤湿度较大，有利微生物的活动，肥料腐熟分解快，矿质化程度高，易被根系吸收利用；③根系吸收利用施入的肥料，增加了树体贮藏养分，促使枝芽充实饱满，翌年萌芽早，展叶快，新梢生长迅速，叶片质量好，光合性能强，有利开花、坐果和幼果的发育；④腐熟分解的肥料有利翌春果树根系的吸收利用，促进春季的生长发育，提高中、短枝质量，为花芽分化创造良好的基础；⑤配合施用化肥，促进贮藏营养积累的效果更好。

早秋施有机肥，应事先经过发酵，使有机物部分分解，提高肥效，而且可以进行粪肥的无害化处理。避免施用未发酵的生粪，影响苹果根系的吸收，污染环境。

早秋施基肥应配合一定数量的速效性化肥。如果有机肥充足，可将化肥全年用量的1/3～1/2与有机肥配合施用；如果有机肥不足，则应将化肥全年用量的2/3做基肥施入；如果化肥是单质肥料，则应将氮肥全年用量的1/2或2/3，磷、钾肥全年用量的 2/3 或全部在早秋施用，剩余的作为追肥施用。

基肥的施用量较大，可结合果园深翻改土挖沟施入，也可普撒果园土壤表面，然后翻入土中，一般要求肥料施到根系集中分布层及其偏下部位。若单独以作物秸秆或杂草作为基肥时，需加入适量的尿素和碳酸氢铵等速效性氮肥，以调整施用的碳氮比，促进秸秆的腐熟分解。一般迟效性化肥，如磷矿粉、过磷酸钙等，也往往与有机肥一起作为基肥施用。在施用前最好要与有机肥混合沤制，腐熟后再施用效果更好。尤其是在碱性土壤上，混合腐熟基肥可以减少土壤对磷的固定，利于综合肥效的发挥。

### （三）灌水

**1. 秋季灌水**　秋季土壤深翻、施基肥后，需充分灌水，使土壤沉实，有利肥料分解、根系再生、秋季生长和吸收。

**2. 冻水**　土壤冻结前灌水，可防止冬季枝干日灼和幼树春季抽条。

## 三、果实管理

### （一）促进果实着色

**1. 摘袋**　套有纸袋的果实，需摘去果实袋，使果实在阳光照射下，才能迅速上色。摘袋时间对果实采前的生长发育有一定的影响。上色是果实在年生长发育中的一个阶段，因此，摘袋应在果实着色期进行。如果太早，上色慢，摘袋与达到着色满意时的间隔时间太长，果面容易受伤害，果面不光洁；若太晚摘袋，果实已衰老，上色效果亦不好。一般在 9 月末至 10 月上旬，果实采收前 20～25 天摘袋为宜。摘袋与采收间隔时间长短，对果实颜色的深浅有影响。在 25 天以内，间隔时间越长，果实色泽越浓。超过 25 天，颜色不会再加深，而且果面容易不光洁，因此，摘袋不可太早。摘袋时间还要根据不同市场要求来定。有的外销客户喜欢鲜艳的颜色，不要求红色太深，可在采收前10～15天摘袋。作为礼品用的精品果，要求浓红，可适当晚采。

在纸袋中生长很长时间的果实，已适应了纸袋内的微环境，一旦除去果袋，在裸露情况下，对新环境要有一个适应过程，特别是在很强的阳光直接照射下，果实不能适应温度的剧烈变化，会产生日灼。雨后天晴，阳光明亮，日灼最易发生。为了减轻日灼伤害，树冠阳面的果实，晴天摘袋应在上午10时以后，等袋内果实的温度上升，与外界温度相近时进行，而且避免中午最热时摘袋。其他方位果实，摘袋时间要求不严格。

双层纸袋的摘除，应分两次进行。先摘除外层纸袋，保留内层红色纸袋，5～7天后再摘去内袋，这样增色效果较好。

除袋后在果实的阳面贴一薄膜，膜上事先印好字或图案，果实着色受到印刷的影响，采收后揭去薄膜，在果实上留下黄色的字迹或图案，给果品增加了价值和开发空间，为消费者所青睐。

**2. 摘叶** 有些苹果品种果实，如红富士苹果，只有阳光直接照射才能着色，果实的阴面和内膛果不易着色。因此，要摘去一部分影响果面受光的枝叶，以改善树冠各部光照条件，增进果面着色度。于摘袋前后疏除树冠内膛直立枝、徒长枝、密生枝和过密的外围新梢，并摘除果实附近的叶片，一般不超过30%。

**3. 转果** 摘袋后，经5～6个晴天的照光过程，果实阳面已达到要求的色泽时，将果实轻转一下，使阴面转为阳面，再过几天，果面便全面着色了。如果自由悬垂果不好转向，可用细透明胶带将转的果方向固定下来。树冠光照条件特别好的时候，不必转果，亦可全面着色。

**4. 铺反光膜** 树冠中、下部的果实和果实的向下部分，光照条件差，不易着色。摘袋后在树冠下铺设反光膜，可明显增加树冠中、下部的光照强度，可使树冠中、下部果实和果实的向下部分亦能充分着色，使果实达到全红。铺反光膜还可提高树冠内膛叶片的叶绿素含量，有利花芽进一步充实、饱满。铺反光膜的方法是在果实着色期，清理树盘内的杂物、耙平，将反光膜拉平，覆盖在树冠下，并用土或石块将其固定。采前，去掉膜面上的杂物，小心揭起反光膜，卷叠起来，用清水漂洗晾干后存放于室内，备下年再用，一般可以持续使用 3～4 年。铺反光膜的效果，与树冠下透光状况有关，只有控制好树体结构和叶幕层厚度，树下有一定的光斑，才能起到反光的效果。

## （二）采收

**1. 采收适期的选定**　采收适期应根据品种成熟期、气候条件、市场需求和价格等因素，综合考虑。成熟期果实有以下变化，可作为采收适期的参考：

**（1）色泽**　果实颜色是果实成熟的主要标志之一。红色苹果果面由淡红转为浓红，底色由深绿变为浅绿、变黄，或颜色稳定，不再变化。金冠、王林等黄色品种，果面由深绿变白绿、浅绿或微黄。

**（2）果肉硬度**　近成熟的果实，果肉变软，硬度下降，口感松脆。

**（3）风味**　随果实逐渐接近成熟，淀粉水解为糖，淀粉含量下降。先从子房周围的组织中开始消失，逐渐外扩。可用碘与淀粉呈蓝色反应与标准色谱对照，确定其反应级别，决定采收期。有些苹果品种如红富士，甜度增加，酸度减轻，达到该品种的风味。但有些苹果品种如国光，采收时酸味仍浓，需经后熟，风味才能变佳。

**（4）果实呼吸强度**　苹果果实近成熟时，呼吸强度增加，出现呼吸高峰，称为呼吸跃变期。红星苹果表现明显，在跃变期前 3～4 天，为适采期。红富士苹果的呼吸高峰不甚明显，一般不用这一指标。

**（5）种子色泽**　苹果果实成熟时，种子表面呈深褐色。

**2. 采果技术**

**（1）采收期** 遇阴雨、露、雾，果实表面水分大，采摘下来的果实，应放在通风处晾干，以免影响贮藏。晴天采收，果实温度过高，应在遮荫处降低果温后入库，避免将田间热带进贮藏库。

**（2）采果方法** 用手托住果实，用一手指顶着果柄与果台处，将果实向一侧转动，使果实与果台分离，不伤果柄。不可将果实从树上硬拽下，使果柄受伤或脱落，影响贮藏。采收人员应剪短指甲，以免刻伤果面。对于如红富士等果梗较长的苹果品种，要用剪子将果梗剪去，以免果梗伤害果面，可以随摘随剪，也可结合分级，给果实套上泡沫网袋，再放入不同级别的箱子里。同一株树上的果实，因其着生部位、果枝类型、果实密度的不同，其成熟度不尽一致，应进行采取分期、分批采收，以提高产量、品质和商品的均一性。

### （三）采后处理

#### 1. 分级

**（1）人工分级** 我国大部分苹果产区，还沿用传统的人工分级，首先对果形、色泽、果面光洁度，有无机械伤、病虫伤等指标分级，再按果实大小或果重进一步分级。果实大小以横径为准，用分级板进行分级。分级板上有直径分别为 80 毫米、75 毫米、70 毫米和 65 毫米等规格的圆孔。分级时，按果实能否通过某个等级圆孔，分成不同等级。按重量分级，需事先选取不同等级有代表性的果实，分别称重确定标准，由分级人员，按标准果作为对照，分出不同级别。这就要求每个选果分级人员必须熟练掌握分级标准，精力集中，高度负责，严格分级，规范操作，使同级果具有较高的均一性。人工分级，带有主观因素，准确度低，果实损伤多，劳动成本高，经济效益低，现已无法适应当前国内外市场的需要。小规模生产亦可在采收的同时进行分级。在采收时，目测每一个果，摘下时即套上泡沫网套，放在不同级别的箱里，可以减少果实倒箱次数，避免在多次倒箱引起的伤害，同时，也节省人工。国家标准 GB/ 10651—2008 苹果质量等级规格指标如表 6－1。

**表 6－1　苹果质量等级规格指标**（GB/T 10651—2008）

| 项　目 | 优等品 | 一等品 | 二等品 |
| --- | --- | --- | --- |
| 果形 | 具有本品种应有的特征 | 允许果形有轻微缺点 | 果形有缺点，但仍保持本品基本特征，不得有畸形果 |
| 色泽 | 红色品种的果面着色比例的具体规定参照附录 A；其他品种应具有本品种成熟时应有的色泽 | | |
| 果梗 | 果梗完整（不包括商品化处理的果梗缺省） | 果梗完整（不包括商品化处理的果梗缺省） | 允许果梗轻微损伤 |
| 果面缺陷 | 无缺陷 | 无缺陷 | 允许下列对果肉无重大伤害的果皮损伤不超过 4 项 |
| ①刺伤（包括破皮划伤） | 无 | 无 | 无 |
| ②碰压伤 | 无 | 无 | 允许轻微碰压伤，总面积不超过 1.0 厘米$^2$，其中最大处面积不得超过 0.3 厘米$^2$，伤处不得变褐，对果肉无明显伤害 |
| ③摩伤（枝摩、叶摩） | 无 | 无 | 允许不严重影响果实外观的摩伤，面积不超过 1.0 厘米$^2$ |
| ④日灼 | 无 | 无 | 允许浅褐色或褐色，面积不超过 1.0 厘米$^2$ |
| ⑤药害 | 无 | 无 | 允许果皮浅层伤害，总面积不超过 1.0 厘米$^2$ |
| ⑥雹伤 | 无 | 无 | 允许果皮愈合良好的轻微雹伤，总面积不超过 1.0 厘米$^2$ |
| ⑦裂果 | 无 | 无 | 无 |

（续）

| 项 目 | | 优等品 | 一等品 | 二等品 |
|---|---|---|---|---|
| ⑧裂纹 | | 无 | 允许梗洼或萼洼内有微小裂纹 | 允许有不超出梗洼或萼洼的微小裂纹 |
| ⑨病虫果 | | 无 | 无 | 无 |
| ⑩虫伤 | | 无 | 允许不超过 2 处 0.1 厘米$^2$的虫伤 | 允许干枯虫伤，总面积不超过 1.0 厘米$^2$ |
| ⑪其他小疵点 | | 无 | 允许不超过 5 个 | 允许不超过 10 个 |
| 果锈 | | | 各本品种果锈应符合下列限制规定 | |
| ①褐色片锈 | | 无 | 不超出梗洼的轻微锈斑 | 轻微超出梗洼或萼洼之外的锈斑 |
| ②网状浅层锈斑 | | 允许轻微而分离的平滑网状不明显锈痕，总面积不超过果面的 1/20 | 允许平滑网状薄层，总面积不超过果面的 1/10 | 允许轻度粗糙的网状果锈，总面积不超过果面的 1/5 |
| 果径（最大横切面直径）（毫米） | 大型果 | | ≥70 | ≥65 |
| | 中、小型果 | | ≥60 | ≥55 |

**（2）机械分级** 利用果品分级机进行分级，因机器的自动化程度不同，有很多类型。大型企业选用自动化程度高的大型设备，效率高，但大多数果农生产规模小，可用人工与机器相结合的小型分级机。首先对果品外观和着色等进行初步分级，再由分级人员将经过初选的果实放在分级机上。果实进入转送带后，按不同的果重，自动分别进入不同的分区，再由分级人员放入不同的果箱中。这种比较简单的分级机，价格便宜，操作简便，比较适用。

**2. 洗果、打蜡** 清洗、打蜡可以清除果面污物、污染和病菌，使果面更卫生、更光洁，提高果品商品的档次。果实打蜡后，还能减少果品失水，增加货架期，是果品进入销售环节的重要一步。由于各个国家消费习惯不同，对果品打蜡的要求也不相同。美国的苹果要经打蜡处理，我国和欧洲市场一般不要求打蜡。清洗打蜡必须有大型的专用设备才能进行，设备价格昂贵，国内仅在经营出口的大型企业才做清洗打蜡处理。

**3. 包装**　苹果的包装，随果品的档次和市场的需求而定。优质、高档苹果应配以精美的包装、装潢，才能提高市场竞争力，进入超市，提高售价。中档果品则采用简易包装。

**（2）包装容器**　包装箱要求卫生、美观、大方、轻便、牢固，利于贮藏堆码和运输。因此，包装材料基本上应用纸箱。大型果品贮藏库，采收入库不分级，直接放在大型木箱，出库后进行分级、清洗打蜡，装入上市销售的纸箱。小型冷库流程简化，入库前，将果品分级再装箱，出库直接进入市场，不再倒箱。贮藏用的纸箱与上市的包装是同一种包装箱，只有在长期贮藏过程中，部分果品出现了问题，需要进行再次选果加工时，才换包装。一般果箱可装10～15千克，用作包装精品果的，采用小包装，一般只装2～6个果，果箱或果盒设计小巧玲珑，外观精美，有的还留有透明观察孔，可以直接看到果实。

**（2）装箱**

①贴标签。高档果品，每一个果上贴一个不干胶商标，或技术监督部门监制的防伪标签。

②包果纸。包果纸有衬垫作用，要求质地柔软、光滑、无异味，采用韧性强的薄纸，按果实大小裁成正方形，将苹果包严。

③塑料发泡网袋。为了防止果实在运输过程中相互挤压、碰撞，包纸后再套一塑料发泡网袋，有的不用纸包，直接套上网袋。

④装箱。在箱底和两层果实中间，垫一隔板，一般用瓦楞纸作隔板，规格高的用发泡塑料或纸浆制成托盘，上面有与苹果形状的凹窝，先将托盘放入箱内，再将果实逐个装入托盘凹陷部位，装满一层后再放一托盘，一般一箱内装两层果，果实装满后其上覆一层纸板或发泡塑料板。加盖封严后，用胶带封牢或用打包带捆牢。

在每个果箱上，标明品牌商标、品种、级别、产地、果数和重量等，在同一批包装件内，必须装同一品种、同一级别的果实，不能混等。相同规格的包装箱，装入同一级别的果，果数要相同，其果实净重误差不超过±1%。

### (四) 苹果贮藏

中、晚熟苹果采收后，只有少部分进入市场销售，大部分进行贮藏，实行季产年销。晚熟品种在贮藏过程中，温度应控制在−1～0℃之间，空气相对湿度在90%左右，并注意通风换气，以防$CO_2$积累而中毒。

**1. 苹果贮藏前的处理** 苹果贮藏的效果，应从采收开始注意，适期采收，以保证其良好的品质，采后及时包装，防止机械伤害。贮藏前进行预处理。果实刚刚采收，带有大量的田间热，果实本身呼吸作用旺盛，放出热量较多，如果采收后立即入库贮藏，果实易发热腐烂，影响品质，缩短贮期，为此必须进行预贮。

预贮的方法是将刚采收的果实放在通风良好，地面干燥，温度较低而稳定的室内或树荫下堆放，白天盖席遮荫，夜间揭开降温，并防止雨水渗入果堆内。一般预贮果实在不受冻的情况下，适当晚入库（窖）较好。

预贮过程注意，勿使果实水分过度蒸发而发生萎蔫，预贮措施多在普通贮藏库（窖）贮藏时采用，若在冷藏库及气调库贮藏，可不经预贮而直接入库，贮藏效果更好。

**2. 苹果贮藏设施** 苹果贮藏设施因控制贮藏环境温度的方法可分为两大类：一类是通过合理的库体结构、科学地利用自然低温和温差为苹果贮藏场所创造出低温环境；另一类是采用机械制冷的方法，控制贮藏场所的温度，满足长期贮藏的需要。

**(1) 简易贮藏** 简易贮藏的方式，大多为我国传统的贮藏技术，设施简单，所需建筑材料较少，费用低廉。但因主要受控于自然冷源，果实的贮藏寿命不太长，质量也不太理想，但受经济条件的制约，采用简易贮藏，尚有一定的应用价值，也适合小规模生产应用。

①土窑洞贮藏。土窑洞贮藏是我国西部黄土高原地区特有的传统贮藏方式，是目前我国西北地区民间分散贮藏的主要形式。

土窑洞贮藏多建于土层深厚的黄土高原地区，选择质地黏重的土层和适当方向的崖坡或沟壑，掏挖而成。由于顶层覆土较厚，其性能较好，建筑费用很低，目前使用面较广。土窑洞库主要依靠自然通风降温，由于窑洞周围有深厚的土层包被，形成与外界环境隔离的隔热层，通过空气自然对流或强制通风，将外界自然冷源引入库内，以土为冷源的载体，土层温度一旦下降，上升则很缓慢。冬季蓄存的冷量，一般可以周年用于调节窑洞温度。如山西中部地区，土窑洞库内年平均温度可比窑外低5～6℃，窑内0℃左右的温度可维持110天。如果能在窑内存放冰或雪，或配置机械制冷设备，温度可以进一步降低，满足了苹果长期贮藏的温度条件。

②通风贮藏库。通风贮藏库是具有良好隔热性能的永久性建筑，设有灵活的通风系统，可以利用库内外温度的差异，以通风换气的方式，引进库外低温空气，排除库内热空气，维持库内比较稳定的适宜温度。这类贮藏库建筑比较简单，操作方便，贮藏量也较大。但因完全依靠自然冷源来调节库温，贮藏效果不够理想，主要适用于短期贮藏。为了克服自然通风效率太低，库温不稳和贮藏效果差的弊病，一般通风库均加装轴流风机成为强制通风。

**（2）现代贮藏设施**　应用机械冷藏设备和冷藏技术以及随后发展起来的气调贮藏技术的兴起，现代贮藏设施的发展和技术的完善，简易贮藏设施和方式将逐渐被现代贮藏技术所代替。

①机械冷藏库。冷藏库要有牢固的库房框架建筑、有效的隔热防潮层和制冷系统，可以满足苹果在贮藏期间，对环境条件的需要，保持果实新鲜，到达长期贮存，周年供应市场的目标。

②气调贮藏库。在机械制冷的基础上，同时改变贮藏环境中

的气体成分。降低环境温度、减少氧气含量，适当提高二氧化碳浓度，并保持合适的相对湿度。由此，可以大幅度降低苹果的呼吸强度和自我消耗，抑制乙烯生成，减少病害的发生，延缓苹果的衰老进程，保鲜效果好、贮藏时期长、贮藏损失少、货架期长、无污染，经济效益高，是现代大规模贮藏的方向。

**1. 冷藏库贮藏**

**(1) 贮前准备** 果实入贮前，库房应进行清扫消毒。消毒的方法，可以使用硫磺熏蒸，其用量为每立方米用硫磺 10 克加锯末拌匀，点燃发烟后密闭 2 天，然后打开门及通风口通风。也可用福尔马林（含甲醛 40%）1 份加水 40 份配成 1%的溶液。每立方米用 3 千克溶液，喷布地面和墙壁，密闭 24 小时，通风 2～3 天后，果实再入库。使用过的旧果箱洗刷晾干后，可放入库房中与库房同时消毒。

**(2) 果实入库** 经过预冷后的果实入库后，果箱按直立式、梅花式和井式的方法堆码，垛之间留有通道，以利通风和管理，垛距在 10 厘米以上，果箱距库房天花板为 50 厘米以上，垛高度不能高出冷风机的冷风出口处，以防果实受冻害。小型冷库也可将果实挑选、剔除病虫腐烂和机械伤果后，装入用 0.06 毫米厚的无毒聚氯乙烯薄膜制作的袋中（一般不使用聚乙烯薄膜以防结露），每个袋上打 4～5 个直径为 0.8～1 厘米直径的圆孔，以利通风换气。一般每袋装果 10 千克，装好后扎袋口，再装入果筐或塑料筐内。

**(3) 管理要点** 贮藏中要时刻记载温湿度、气体成分和果实的变化，及时调节各项指标，达到设计要求。

①温度。富士苹果贮藏适宜温度为 0℃左右。因此，冷藏库温度一般控制在－1～0℃之间。为便于掌握贮藏库各部位的温度情况，可在库内不同位置设 5 个测温点。从冷库中取出的果实，骤然升温使果面凝结水珠，色泽发暗，果肉变软。因此，果实出库前采取逐步升温的方法，以保证果实品质。

②湿度。富士苹果贮藏适宜空气相对湿度为90%左右。库房湿度过低，果实易失水皱皮，为此要注意库房增湿。可以在地面上洒水或在库房地面铺湿锯末，或在冷却系统鼓风机前安装自动喷雾器，随着冷风吹出，将水雾送入库房，增加空气湿度。

③通风换气。果实贮藏期间，不断释放二氧化碳和乙烯气体，当这些气体积累到一定程度会促使果实后熟衰老，果肉变褐，品质下降，缩短贮期。因此，必须在贮藏期内及时通风换气。换气有两种情况：一是在库内外温度相近时（以防因通风造成库内温度的波动）进行通风换气，及时排除库内浑浊气体；二是库内空气流通，使整个库内各部位温、湿度均匀。通风时速度不宜过大，一般每天保持库内风机运转6～8小时即可。

④气调指标。各地条件不同，采用的指标也有差异。我国西部苹果产区，红富士苹果的气调指标为温度（0±0.5)℃、氧3%～5%、二氧化碳<2%。

## 四、苗圃管理

**1. 芽接**　苹果芽接以T形芽接法为主，最佳时期为8～9月，此时苹果新梢芽体饱满，形成层活跃，接芽和砧木都能离皮，使用不带木质部的T形芽接法，操作简便、快速，成活率高。嫁接时间比较晚，形成层逐渐停止了活动，可改用嵌芽接(方法参见夏季管理)。

**2. 芽接后的管理**　芽接后20天左右，可以除去缚绑物，检查成活率，并对未成活的进行补接。嫁接较早的，当年应除去缚绑物，以免砧木加粗，愈伤组织生长过多，将接芽覆盖，影响芽的萌发。如若嫁接时间比较晚，愈伤生长较少，当年不必解绑，翌春再除去缚绑物，并进行补接。

**3. 苗木出圃**

**（1）出圃时间**　苹果苗木在秋季部分叶片变色，开始脱落，到土壤结冻前出圃。出圃前应对可出圃的苗木品种、规格、数量等进行调查，以便安排出圃工作。土壤干旱时，应提前灌水，保持土壤湿润，以利起苗，减少伤根。

**（2）起苗** 挖苗时要尽量保持根系的完整，主侧根长度，要保持20厘米以上，并注意保护枝干和芽不受伤害。苗木愈大，要求保留的根系愈长，才能保持必要的根冠比，保证栽植成活。大规格苗木最好应用机械起苗，避免由于人工刨苗时，保留根系太小，栽植成活率低，苗木缓苗期长，影响幼树生长。

**（3）分级** 起苗后立即对苗木按国家标准进行分级（表6-2），不合格的苗木不得出圃。

**表6-2 苹果苗木等级规格指标**（中华人民共和国苹果苗木国家质量标准）

| 项目 | | 级别 | | |
|---|---|---|---|---|
| | | 一级 | 二级 | 三级 |
| 品种与砧木类型 | | 纯正 | | |
| 根 | 侧根数量（条） | 实生砧苗5以上 | 实生砧苗4以上 | 实生砧苗4以上 |
| | | 中间砧苗5以上 | 中间砧苗4以上 | 中间砧苗4以上 |
| | | 矮化砧苗15以上 | 矮化砧苗15以上 | 矮化砧苗10以上 |
| | 侧根基部粗度（厘米） | 实生砧苗0.45以上 | 实生砧苗0.35以上 | 实生砧苗0.30以上 |
| | | 中间砧苗0.45以上 | 中间砧苗0.35以上 | 中间砧苗0.30以上 |
| | | 矮化砧苗0.25以上 | 矮化砧苗0.20以上 | 矮化砧苗0.20以上 |
| | 侧根长度（厘米） | 20.00以上 | | |
| | 侧根分布 | 均匀、舒展而不卷曲 | | |
| 茎 | 砧段长度（厘米） | 实生砧：5.00以下；矮化砧：10.00～20.00 | | |
| | 中间砧段长度（厘米） | 20.00～35.00，但同苗圃的变幅范围不得超过5.00 | | |
| | 高度（厘米） | 120.00 | 100.00 | 80.00 |
| | 粗度（厘米） | 实生砧苗1.2以上 | 实生砧苗1.0以上 | 实生砧苗0.8以上 |
| | | 中间砧苗0.8以上 | 中间砧苗0.7以上 | 中间砧苗0.6以上 |
| | | 矮化砧苗1.0以上 | 矮化砧苗0.8以上 | 矮化砧苗0.7以上 |
| | 倾斜度 | 15°以下 | | |

（续）

| 项　目 | | 级　别 | | |
|---|---|---|---|---|
| | | 一　级 | 二　级 | 三　级 |
| 根皮与茎皮 | | 无干缩皱皮，无新损伤处，老损伤处的总面积不超过1厘米$^2$ | | |
| 芽 | 整形带内饱满芽数 | 8以上 | 6以上 | 6以上 |
| 合部愈合程度 | | 愈合良好 | | |
| 砧桩处理与愈合程度 | | 砧桩剪除，剪口环状愈合或完全愈合 | | |

**（4）苗木检疫**　苗木检疫是防止危险病虫害传播的有效措施，苗木外运必须检疫。我国列入检疫对象的苹果病虫害主要有苹果小吉丁虫、苹果绵蚜、梨圆蚧、苹果黑星病、苹果锈果病、根头癌肿病（毛根病）、苹果蝇、苹果蠹蛾、美国白蛾等。育苗时，严禁从疫区采运接穗，同时，苗木要加强病虫防治和经常检查，一经发现检疫病虫害，必须立即连根拔除、销毁。苗木出圃外运时，应报请当地植物检疫部门检验，经确认无检疫对象，并取得检疫证后方可出圃外运。

**（5）包装和运输**　出圃前还应进行消毒，最好喷洒3～5度石硫含剂，还可用1∶1∶100波尔多液浸苗10～20分钟，然后用清水冲洗根部。苗木经检疫消毒后方可进行包装运输，远运苗木一定要做好包装工作。已分级的苗木，每25～50株捆成一捆，根部蘸泥浆，用蒲包、编织袋包好，可填些湿锯末、碎稻草或麦糠等，包好后挂上标签，注明品种、砧木、级别、出圃时间，及早发运。汽车发运途中注意保湿，避免重压，防止曝晒、风干和冻根等，要盖好苫布，最好用箱式货车运输，有利保温、保湿，也可简化包装。

**（6）苗木贮藏**　起出的苗木来不及定植或外运，应及时假植。选避风、不积水的地方，挖南北向假植沟，沟宽1米，深50～60厘米，沟长视苗木数量而定。苗向南倾斜放入，放一层苗填一层湿润细土，并稍加抖动，务必使土壤与根系紧密接触。如土壤干燥，可在填土过半时灌水，然后接着回填，最后可使苗木梢部露出。假植期间注意温度不可过高，土壤湿度不可过大，以免根系发霉。假植贮藏在早春苹果发芽前结束。若苗木需要长期贮藏，最好用冷藏库，但特别要注意保持湿度。

## 五、病虫害防治

参见夏季管理部分。

## 六、幼树管理

苹果树是比较耐寒的树种，但是，有些苹果品种如红富士、王林、金冠等，抗寒性较差，幼树越冬期间常发生冻害或抽条现象，不同地区生态条件差异很大，越冬的表现也不相同。

**1. 苹果越冬抽条** 早春苹果幼树的枝条，失水抽干，枝皮皱缩，芽不萌发，轻者部分外围枝条抽干，重者危及大枝干，甚至地上部全部抽干、死亡。一般地下部分不会受害，春季在受害部位以下，发出新的枝条，经细致管理，可重新形成树冠。如若管理不善，第二年还会发生抽条，造成园貌不整齐，影响幼树适龄结果和早期产量和效益。

苹果幼树抽条常发生在西北、华北以及东北部分地区。这些地区秋季比较短，温度下降很快，幼树越冬准备不足，营养积累不够，枝条不够充实，枝皮保护组织不健全。早春气温回升又比较快，而土壤温度回升慢，根系分布层温度低，根系吸收水分的能力差，而枝条处在较高的气温下，枝条表面的蒸腾强，引起枝条失水得不到补充而抽干。

不同品种在年周期中生长特性又一些差异，越冬抽条的程度有所不同。有的品种秋季停止生长晚，还未完全停止，气温已明显下降，甚至结冻，表现出苹果幼树的不能正常落叶，叶片未能变黄，也被冻死在树上。不能正常落叶可看作是休眠准备不足的一种表现。

河北农业大学苹果课题组调查（2000 年），嫁接在不同矮化砧上的红富士苹果 2～3 年生幼树，晚秋叶色变化比较（表 6-3），可以看出矮化砧对嫁接品种的秋季叶片变色有一定的影响，其中 75-7-1 变色指数为零，田间表现越冬抽条最严重，而 SH 系几种砧木，变色指数最高，越冬抽条最轻。

**表 6-3 不同中间砧红富士苹果幼树秋季叶片变色情况比较**

| 砧 木 | 总株数 | 变色级数 | | | 变色指数 | 备 注 |
|---|---|---|---|---|---|---|
| | | 0 | 1 | 2 | | |
| 78-43 | 11 | 5 | 2 | 4 | 0.45 | 三年生 |
| $SH_5$ | 6 | 1 | 5 | 0 | 0.42 | 三年生 |
| $M_{26}$ | 7 | 4 | 3 | 0 | 0.21 | 三年生 |
| 75-7-1 | 9 | 9 | 0 | 0 | 0.00 | 三年生 |
| $M_{26}$ | 23 | 18 | 5 | 0 | 0.11 | 二年生 |
| Mark | 21 | 20 | 1 | 0 | 0.02 | 二年生 |
| $B_9$ | 20 | 16 | 4 | 0 | 0.10 | 二年生 |
| $SH_{28}$ | 22 | 4 | 2 | 16 | 0.77 | 二年生 |
| $SH_{38}$ | 17 | 0 | 0 | 17 | 1.00 | 二年生 |
| $SH_{40}$ | 18 | 0 | 7 | 11 | 0.81 | 二年生 |

**2. 预防苹果幼树抽条的途径** 基于上述引起抽条的原因，可采取以下措施：

**（1）提高越冬性** 运用综合技术措施，抑制秋季生长，使之及时停长，促进营养物质积累和保护结构的完善，提高枝条自身的保水能力，增强越冬性。

①追肥与灌水。本着“前促后控”的原则，在 7 月份以前灌水 2～3 次，7 月底以后停止灌水，直至 11月初灌冻水。在控水期间，还要做好排水工作。追肥一般结合前期灌水于 5 月份追少量氮肥，7～8 月份追施磷、钾肥。生长后期结合喷药叶面喷施 1～2 次磷酸二氢钾。

②保叶。为提高树体贮藏营养，应注意叶片的保护，及时防治早期落叶病、红蜘蛛、毛虫等，保证叶片完好。

③控长。采取措施控制枝条后期生长，减少养分消耗，增加树体贮藏营养。一般于8月底到9月中、下旬对未停长的新梢进行摘心。若摘心后再萌发，进行再次摘心。对长枝拿枝软化，开张角度，辅养枝拉平，可以控制旺长。生长后期于8月中、下旬连续喷二次500毫克/升的多效唑或喷一次2 000毫克/升的$B_9$，可抑制秋梢生长，具有预防抽条的效果。

④防治浮尘子。浮尘子产卵，破坏枝干皮层结构，会加剧幼树越冬抽条。一般于9月下旬至10月上旬浮尘子成虫产卵期，在树上、间作物和杂草上喷洒菊酯类杀虫剂。为减少浮尘子为害，行间不要间作秋菜类蔬菜，如萝卜、白菜、菠菜等秋季蔬菜，还应搞好后期果园清洁工作。

**（2）创造良好的根际小气候，提高地温，促进根系吸水**

①培月牙土埂。于土壤结冻前在树干西北侧距树50厘米处，培高50～60厘米左右的半圆形土埂（月牙埂），可以给植株根际造成一个向阳温暖的小气候，能够缩短树盘土壤冻结时间，升高树盘土温，提早土壤解冻，及时补充植株地上部的蒸腾失水，从而减轻抽条。

②覆地膜。1月下旬至2月上旬在树冠下覆1～1.5米见方的地膜，也可明显的提高根际温度，预防抽条危害。

**（3）进行树体保护，减少枝干水分散失**

①埋土防寒。幼树卧倒埋土防寒是最安全的保护方法。其做法是在土壤结冻前，在树干基部先垫好枕土，然后将幼树轻轻弯曲压倒在枕土上，再培土压实。要求枝条不外露，培土厚度15～30厘米。翌春萌芽前挖出并扶直。此法操作简单，易于掌握，但一般只适用于1年生小树，而对于2～3年生较大的树，则难以操作，有时还会造成劈裂等伤害，影响果树的生长势。另外，有的地方埋土防寒，只在树干基部培30～40厘米的土堆，而不是将整株弯倒埋土，这一方法不仅不能预防抽条，而且加重危害，不宜采用。

②树体喷涂保护剂。保护剂是一种抑蒸剂，喷涂到树体的枝干上，形成保护膜或抑蒸层，从而减少水分蒸发。保护剂于1月下旬和2月中下旬各喷1次。常用的保护剂有2%～3%的聚乙烯醇，100～150倍液的羧甲基纤维素和5～10倍液的石蜡乳剂（抚顺石油化工研究院生产）等。

上述各项措施对预防幼树抽条均有一定效果，在生产实践中应综合应用，效果更显著。

# 第七章 苹果精细管理作业历

| 月 | 旬 | 物候期 | 技术措施 | | 育苗技术措施 | 病虫防治措施 |
|---|---|---|---|---|---|---|
| 1 | 上 | 休眠期 | 冬季整形修剪 | | | |
| | 中 | | | 幼树喷涂防寒剂 | 种子层积处理 | |
| | 下 | | | | | |
| 2 | 上 | | | | | |
| | 中 | | | | | |
| | 下 | | | | | |
| 3 | 上 | | | 田园清扫、刮树皮 | | 喷3%～4%硫酸锌防治小叶病 |
| | 中 | 萌芽期 | 追肥 | 萌芽前后灌水 | | ①刮治腐烂病病斑，涂抹9281等；<br>②金冠花芽露绿时，喷5波美度石硫合剂；防治轮纹病、干腐病、白粉病、金纹细蛾、红白蜘蛛、瘤蚜等 |
| | 下 | | | 栽植 | 嫁接、剪砧 | |
| 4 | 上 | | 延迟修剪 | 栽植 | 播种、除萌 | |
| | 中 | | 花前复剪 | | | |
| | 下 | 开花期 | 疏花、放蜂、人工授粉 | 花期喷0.1%～0.3%硼砂 | | ①初花期喷80%大生M-45 800倍液，防治霉心病、腐烂病<br>②粉锈宁1 500倍液，防治白粉病<br>③地面施药，防金龟子 |

（续）

| 月 | 旬 | 物候期 | 技术措施 | | 育苗技术措施 | 病虫防治措施 |
|---|---|---|---|---|---|---|
| 5 | 上 | 开花期 | | 除草 | | ①落花后4～7天，M-45大生800倍液、多菌灵800倍液防治轮纹病侵染果实<br>②70%甲基托布津800倍液+多抗霉素400倍液，防霉心病<br>③灭幼脲3号1 500～2 000倍液，防金纹细蛾、卷叶虫<br>④齐螨素、阿维菌素5 000倍液防治害螨<br>缺钙严重的果园可进行叶面喷硝酸钙300倍液 |
| | 中 | 新梢迅速生长期 | 疏果 | 夏季修剪、灌水 | | |
| | 下 | | 果实套袋<br>喷0.3%～0.5%尿素 | 环剥 | | 套袋前用M-45大生800倍液或多菌灵800倍液防治轮纹病侵染果实 |
| 6 | 上 | | 花芽分化前追肥 | 灌水、除草拿枝软化、拉枝 | 压条圃培土 | ①麦收前，用齐螨素、阿维菌素5 000倍液防治害螨<br>②吡虫啉3 000～4 000倍液防黄蚜等 |
| | 中 | | | | | |
| | 下 | | | | | |
| 7 | 上 | 早熟品种成熟 | 早熟品种采收 | 夏季修剪拿枝软化、拉枝 | | |
| | 中 | | | | | |
| | 下 | | | | | 25%灭幼脲3号悬浮剂1 000倍液防治桃小食心虫 |

（续）

| 月 | 旬 | 物候期 | 技术措施 | | 育苗技术措施 | 病虫防治措施 |
|---|---|---|---|---|---|---|
| 8 | 上 | | | 生草播种 | | |
| | 中 | | 中熟品种喷30～40毫克/升萘乙酸钠或盖万宝，防止采前落果 | | | ①25%灭幼脲3号悬浮剂1 000倍液防治桃小食心虫、梨小食心虫<br>②多菌灵800倍液或扑海因1 000～1 500倍液或多氧霉素1 000倍液防治轮纹病、炭疽病、斑点落叶病 |
| | 下 | 中熟品种成熟 | 中熟品种采收 | | 芽接 | |
| 9 | 上 | | | | | |
| | 中 | | | 施基肥 | | |
| | 下 | | 摘除果实袋、疏枝、摘叶、转果、覆反光膜 | 幼树摘心（防抽条） | | |
| 10 | 上 | | | | | |
| | 中 | 晚熟品种成熟 | 晚熟品种采收 | | | |
| | 下 | | | 果实采收后喷1%～3%尿素 | | |
| 11 | 上 | | | 施基肥(9月未施者) | 苗木出圃 | |
| | 中 | | 秋耕 | 秋季修剪 | | |
| | 下 | | 灌冻水 | | | |
| 12 | 上 | 落叶期 | 埋土防寒或培月牙埂（新栽树） | | | 田园清扫，枝干病害严重的果园，落叶后喷一次铲除剂50%多菌灵100倍液，或45%施纳宁200～300倍液，防治腐烂病、轮纹病、干腐病、炭疽病、早期落叶病 |
| | 中 | 休眠期 | | | | |
| | 下 | | 年终总结 | | | |

注：时间以河北中部为基础，各地纬度和海拔不同，时间早晚有所变化。

# 附　　录

## 1. 苹果园允许使用的主要杀虫杀螨剂（无公害食品　苹果生产技术规程 NY/T 5012—2001）

| 农药品种 | 毒性 | 稀释倍数和使用方法 | 防治对象 |
| --- | --- | --- | --- |
| 1%阿维菌素乳油 | 低毒 | 5 000 倍液，喷施 | 叶螨、金纹细蛾 |
| 0.3%苦参碱水剂 | 低毒 | 800～1 000 倍液，喷施 | 蚜虫、叶螨等 |
| 10%吡虫啉可湿粉 | 低毒 | 5 000 倍液，喷施 | 蚜虫、金纹细蛾等 |
| 25%灭幼脲 3 号悬浮剂 | 低毒 | 1 000～2 000 倍液，喷施 | 金纹细蛾、桃小食心虫等 |
| 50%辛脲乳油 | 低毒 | 1 500～2 000 倍液，喷施 | 金纹细蛾、桃小食心虫等 |
| 50%蛾螨灵乳油 | 低毒 | 1 500～2 000 倍液，喷施 | 金纹细蛾、桃小食心虫等 |
| 20%杀铃脲悬浮剂 | 低毒 | 8 000～10 000 倍液，喷施 | 桃小食心虫、金纹细蛾等 |
| 50%马拉硫磷乳油 | 低毒 | 1 000 倍液，喷施 | 蚜虫、叶螨、卷叶虫等 |
| 50%辛硫磷乳油 | 低毒 | 1 000～1 500 倍液，喷施 | 蚜虫、桃小食心虫等 |
| 5%尼索朗乳油 | 低毒 | 2 000 倍液，喷施 | 叶螨类 |
| 10%浏阳霉素乳油 | 低毒 | 1 000 倍液，喷施 | 叶螨类 |
| 20%螨死净胶悬剂 | 低毒 | 2 000～3 000 倍液，喷施 | 叶螨类 |
| 15%哒螨灵乳油 | 低毒 | 3 000 倍液，喷施 | 叶螨类 |
| 40%灭多乳油 | 中毒 | 1 000～1 500 倍液，喷施 | 苹果绵蚜及其他蚜虫等 |
| 99.1%加德士敌死虫乳油 | 低毒 | 200～300 倍，液喷施 | 叶螨类、蚧类 |
| 苏云金杆菌可湿性粉剂 | 低毒 | 500～1 000 倍液，喷施 | 卷叶虫、尺蠖、天幕毛虫等 |
| 10%烟碱乳油 | 中毒 | 800～1 000 倍液，喷施 | 蚜虫、叶螨、卷叶虫等 |

（续）

| 农 药 品 种 | 毒性 | 稀释倍数和使用方法 | 防 治 对 象 |
|---|---|---|---|
| 5%卡死克乳油 | 低毒 | 1 000～1 500 倍液，喷施 | 卷叶虫、叶螨等 |
| 25%扑虱灵可湿性粉剂 | 低毒 | 1 500～2 000 溶液，喷施 | 介壳虫、叶蝉 |
| 5%抑太保乳油 | 中毒 | 1 000～2 000 倍液，喷施 | 卷叶虫、桃小食心虫 |

**2. 苹果园允许使用的主要杀菌剂**（无公害食品　苹果生产技术规程 NY/T 5012—2001）

| 农 药 品 种 | 毒性 | 稀释倍数和使用方法 | 防 治 对 象 |
|---|---|---|---|
| 5%菌毒清水剂 | 低毒 | 萌芽前 30～50 倍液，涂抹，100 倍液，喷施 | 苹果树腐烂病、苹果枝干轮纹病 |
| 腐必清乳剂（涂剂） | 低毒 | 萌芽前 2～3 倍液，涂抹 | 苹果树腐烂病、苹果枝干轮纹病 |
| 2%农抗 120 水剂 | 低毒 | 萌芽前 10～20 倍液，涂抹，100 倍液，喷施 | 苹果树腐烂病、苹果枝干轮纹病 |
| 80%喷克可湿性粉剂 | 低毒 | 800 倍液，喷施 | 苹果斑点落叶病、轮纹病、炭疽病 |
| 80%大生 M-45 可湿性粉剂 | 低毒 | 800 倍液，喷施 | 苹果斑点落叶病、轮纹病、炭疽病 |
| 70%甲基托布津可湿性粉剂 | 低毒 | 800～1 000 倍液，喷施 | 苹果斑点落叶病、轮纹病、炭疽病 |
| 50%多菌灵可湿性粉剂 | 低毒 | 600～800 倍液，喷施 | 苹果轮纹病、炭疽病 |
| 40%福星乳油 | 低毒 | 6 000～8 000 倍液，喷施 | 苹果斑点落叶病、轮纹病、炭疽病 |
| 1%中生菌素水剂 | 低毒 | 200 倍液，喷施 | 苹果斑点落叶病、轮纹病、炭疽病 |
| 27%铜高尚悬浮剂 | 低毒 | 500～800 倍液，喷施 | 苹果斑点落叶病、轮纹病、炭疽病 |
| 石灰倍量式或多量式波尔多液 | 低毒 | 200 倍液，喷施 | 苹果斑点落叶病、轮纹病、炭疽病 |
| 50%扑海因可湿性粉剂 | 低毒 | 1 000～1 500 倍液，喷施 | 苹果斑点落叶病、轮纹病、炭疽病 |

（续）

| 农药品种 | 毒性 | 稀释倍数和使用方法 | 防治对象 |
| --- | --- | --- | --- |
| 70%代森锰锌可湿性粉剂 | 低毒 | 600～800倍液，喷施 | 苹果斑点落叶病、轮纹病、炭疽病 |
| 70%乙膦铝锰锌可湿性粉剂 | 低毒 | 500～600倍液，喷施 | 苹果斑点落叶病、轮纹病、炭疽病 |
| 硫酸铜 | 低毒 | 100～150倍液，喷施 | 苹果根腐病 |
| 15%粉锈宁乳油 | 低毒 | 1 500～2 000倍液，喷施 | 苹果白粉病 |
| 50%硫胶悬剂 | 低毒 | 200～300倍液，喷施 | 苹果白粉病 |
| 石硫合剂 | 低毒 | 发芽前3～5波美度，开花前后0.3～0.5波美度，喷施 | 苹果白粉病、霉心病等 |
| 843康复剂 | 低毒 | 5～10倍液，涂抹 | 苹果腐烂病 |
| 68.5%多氧霉素 | 低毒 | 1 000倍液，喷施 | 苹果斑点落叶病等 |
| 75%百菌清 | 低毒 | 600～800倍液，喷施 | 苹果轮纹病、炭疽病、斑点落叶病等 |

**3. 苹果园限制使用的主要农药品种**（无公害食品　苹果生产技术规程 NY/T 5012—2001）

| 农药品种 | 毒性 | 稀释倍数和使用方法 | 防治对象 |
| --- | --- | --- | --- |
| 48%乐斯本乳油 | 中毒 | 1 000～2 000倍液，喷施 | 苹果绵蚜、桃小食心虫 |
| 50%抗蚜威可湿性粉剂 | 中毒 | 800～1 000倍液，喷施 | 苹果黄蚜、瘤蚜等 |
| 25%辟蚜雾水分散粒剂 | 中毒 | 800～1 000倍液，喷施 | 苹果黄蚜、瘤蚜等 |
| 2.5%功夫乳油 | 中毒 | 3 000倍液，喷施 | 桃小食心虫、叶螨类 |
| 20%灭扫利乳油 | 中毒 | 3 000倍液，喷施 | 桃小食心虫、叶螨类 |
| 30%桃小灵乳油 | 中毒 | 2 000倍液，喷施 | 桃小食心虫、叶螨类 |
| 80%敌敌畏乳油 | 中毒 | 1 000～2 000倍液，喷施 | 桃小食心虫 |
| 50%杀螟硫磷乳油 | 中毒 | 1 000～1 500倍液，喷施 | 卷叶蛾、桃小食心虫、介壳虫 |

（续）

| 农药品种 | 毒性 | 稀释倍数和使用方法 | 防治对象 |
| --- | --- | --- | --- |
| 10%歼灭乳油 | 中毒 | 2 000～3 000 倍液，喷施 | 桃小食心虫 |
| 20%氰戊菊酯乳油 | 中毒 | 2 000～3 000 倍液，喷施 | 桃小食心虫、蚜虫、卷叶蛾等 |
| 2.5%溴氰菊酯乳油 | 中毒 | 2 000～3 000 倍液，喷施 | 桃小食心虫、蚜虫、卷叶蛾等 |

**4. 禁止使用的农药**

包括甲拌磷、乙拌磷、久效磷、对硫磷、甲胺磷、甲基对硫磷、甲基异柳磷、氧化乐果、磷胺、克百威、涕灭威、灭多威、杀虫脒、三氯杀螨醇、克螨特、滴滴涕、六六六、林丹、氟化钠、氟乙酰胺、福美胂及其他砷制剂等。